Ridha Djebali

Méthode de Boltzmann pour les écoulements et les transferts

Ridha Djebali

Méthode de Boltzmann pour les écoulements et les transferts

Concept, implémentation et applications aux écoulements dans les enceintes et aux jets plasma turbulents

Presses Académiques Francophones

Impressum / Mentions légales

Bibliografische Information der Deutschen Nationalbibliothek: Die Deutsche Nationalbibliothek verzeichnet diese Publikation in der Deutschen Nationalbibliografie; detaillierte bibliografische Daten sind im Internet über http://dnb.d-nb.de abrufbar.

Alle in diesem Buch genannten Marken und Produktnamen unterliegen warenzeichen-, marken- oder patentrechtlichem Schutz bzw. sind Warenzeichen oder eingetragene Warenzeichen der jeweiligen Inhaber. Die Wiedergabe von Marken, Produktnamen, Gebrauchsnamen, Handelsnamen, Warenbezeichnungen u.s.w. in diesem Werk berechtigt auch ohne besondere Kennzeichnung nicht zu der Annahme, dass solche Namen im Sinne der Warenzeichen- und Markenschutzgesetzgebung als frei zu betrachten wären und daher von jedermann benutzt werden dürften.

Information bibliographique publiée par la Deutsche Nationalbibliothek: La Deutsche Nationalbibliothek inscrit cette publication à la Deutsche Nationalbibliografie; des données bibliographiques détaillées sont disponibles sur internet à l'adresse http://dnb.d-nb.de.

Toutes marques et noms de produits mentionnés dans ce livre demeurent sous la protection des marques, des marques déposées et des brevets, et sont des marques ou des marques déposées de leurs détenteurs respectifs. L'utilisation des marques, noms de produits, noms communs, noms commerciaux, descriptions de produits, etc, même sans qu'ils soient mentionnés de façon particulière dans ce livre ne signifie en aucune façon que ces noms peuvent être utilisés sans restriction à l'égard de la législation pour la protection des marques et des marques déposées et pourraient donc être utilisés par quiconque.

Coverbild / Photo de couverture: www.ingimage.com

Verlag / Editeur:
Presses Académiques Francophones
ist ein Imprint der / est une marque déposée de
AV Akademikerverlag GmbH & Co. KG
Heinrich-Böcking-Str. 6-8, 66121 Saarbrücken, Deutschland / Allemagne
Email: info@presses-academiques.com

Herstellung: siehe letzte Seite /
Impression: voir la dernière page
ISBN: 978-3-8381-7222-4

Table des matières

Dédicace   xi

Remerciemen   xiii

Résumé   xv

Abstract (Abredged version)   xvii

Introduction au contexte du sujet   xix

1 **La projection plasma: une revue de littérature**   1
   1.1 Historique   1
   1.2 Brève description de la projection thermique   2
   1.3 Présentation de la projection plasma   5
      1.3.1 Principe du procédé   5
      1.3.2 Choix des gaz plasmagènes   6
      1.3.3 Plasma d'agon et mélange optimal 12
      1.3.4 Fonctionnement de la torche 13
      1.3.5 Formation de l'arc éléctrique 14
      1.3.6 Développement du jet de plasma 16
      1.3.7 Injection de particules 17
      1.3.8 Intéraction plasma-particules 18
      1.3.9 Comportement à l'impact et formation du dépôt 29
   1.4 Projection plasma en CFD 31
      1.4.1 Modèles 2-D stationnaires 31
      1.4.2 Modèles 2-D transitoires 33
      1.4.3 Modèles 3-D stationnaires 35
      1.4.4 Modèles 3-D transitoires 36
      1.4.5 Modélisation du comportement de particules 37
   1.5 Conclusion 38

i

2 Méthode numérique: la méthode de Boltzmann sur réseau (LBM)   **47**

2.1   Introduction 48

2.2   Equations aux dérivées partielles générales 48

2.3   Méthodes traditionnelles en dynamique des fluides 49

2.4   Méthode de Boltzmann 49

     2.4.1   Théorie cinétique 51

     2.4.2   Équation de Boltzmann 52

     2.4.3   Approximation BGK 53

2.5   Cadre de base de la méthode de Boltzmann sur réseau 54

     2.5.1   Réseaux et vitesses discrètes 55

     2.5.2   Fonction de distribution d'équilibre et variables macroscopiques 55

     2.5.3   Processus de collision-propagation 59

     2.5.4   Viscosité 59

     2.5.5   Incorporation du terme force 59

     2.5.6   Conditions aux limites 60

     2.5.7   Développement multiéchelle de Chapman-Enskog 63

2.6   Hydrodynamique LBM 66

     2.6.1   Modèle complètement incompressible 66

     2.6.2   Modèle incompressible de He et Luo 67

     2.6.3   Modèle compressible conventionnel 67

2.7   Modèles LBM thermiques 67

     2.7.1   Extension aux écoulements non-isothermes 67

     2.7.2   Modèle du scalaire passif 68

     2.7.3   Modèle énergétique de He et al. 68

     2.7.4   Modèle énergétique simplifié 69

2.8   Méthode LBM dans le cadre de CFD 69

     2.8.1   Dynamique des fluides et au-delà 69

     2.8.2   Méthode LBM via les méthodes conventionnelles 70

     2.8.3   Avantages de la méthode LBM 71

2.9   Conclusion 71

3 Validation du modèle LBM   **77**

3.1   Introduction 77

3.2   Simulation d'une convection naturelle 78

     3.2.1   Présentation du problème physique 78

     3.2.2   Modèle thermique de la méthode de Boltzmann 79

     3.2.3   Validation du modèle 81

3.3   Simulation d'écoulements à faibles nombres de Prandtl avec brisure de symétrie 87

     3.3.1   Transition à l'instationnarité en cavité de Bridgman verticale . 88

     3.3.2   Transition à l'instationnarité en cavité de Bridgman horizontale 90

3.4   Accélération du régime stationnaire, application à la simulation des écoulements en milieux poreux 91

     3.4.1   Présentation de la technique 91

     3.4.2   Écoulement de convection naturelle en milieux poreux 93

3.5   Conclusions 96

4 Etude de la projection plasma atmosphérique   **101**

4.1   Introduction 101

4.2   Simulation des jets de plasma axisymétriques et turbulents 102

     4.2.1   Développement des modèles LB axisymétriques 102

     4.2.2   Adaptation de LBM à la projection plasma 102

     4.2.3   Simulation du jet plasma 107

     4.2.4   Conclusions: avantages de la méthode de résolution LB relativement aux méthodes de résolution CFD classiques 113

4.3   Etude des phénomènes de transport et de transfert plasma-particules . 114

     4.3.1   Transport de particules 115

     4.3.2   Transfert thermique plasma-particules 117

     4.3.3   Résultats 118

4.4   Conclusions 132

5 Conclusions et perspectives   **137**

A Dérivation de l'équation de diffusion de la chaleur   **141**

B Schéma LBM accéléré   **143**

iii

Liste des Figures

1.1 Principe de base de la projection thermique (d'après [2])   3

1.2 Principe de base des procédés (d'après [2]) (a): flamme-poudre, (b): projection supersonique, (c): canon à détonation et (d): flamme-fil (d'après [2]).   4

1.3 Schéma de principe de la projection par plasma d'arc soufflé   7

1.4 Caractéristiques des sous-systèmes du procédé de projection   8

1.5 Conductivités thermiques des gaz purs Ar, N_2 et de mélanges Ar-N_2 à différentes proportions à pression atmosphérique, (le pourcentage est en fraction molaire).   10

1.6 Enthalpies massiques des gaz purs Ar, N_2 et de mélanges Ar-N_2 à différentes proportions à pression atmosphérique, (le pourcentage est en fraction molaire).   11

1.7 Viscosités dynamiques des gaz purs Ar, H_2 et de mélanges Ar-H_2 à différentes proportions à pression atmosphérique, (le pourcentage est en fraction molaire).   11

1.8 Schéma de la torche plasma (a) à arc transféré (b) à arc soufflé (d'après [12])   13

1.9 Formation et dynamique de l'arc et de l'écoulement du jet dans une torche à courant continu.   14

1.10 Représentation schématique du phénomène d'entraînement du gaz ambiant froid dans l'écoulement plasma.   16

1.11 Effet des paramètres de dispersion sur la formation du dépôt: taille et forme du nuage d'impact des gouttelettes (d'après [20]).   19

1.12 Ordre de grandeurs des différentes forces pour une particule de zircone en plasma d'Ar-25%H2 de température 5000 K et pour une vitesse relative plasma particule de 500 m/s (d'après [19])   22

1.13 Échelles de temps caractéristiques des phénomènes d'instabilité en projection plasma.   24

1.14 Classification des régimes d'écoulements gazeux selon le nombre de Knudsen   25

1.15 Evolution de la concentration du gaz plasma le long de l'axe (plasma Ar-H2 de 29 kW, d'après [32])   28

1.16 Morphologie de l'impact sous les effets de vitesse et température des particules d'alumine projetées par plasma (d'après [7]). 32

2.1 Différences entre les deux types d'approches numériques 50
2.2 Les différentes approches numériques en mécaniques des fluides avec leurs domaines d'applicabilité (d'après [4], avec révision) 51
2.3 Schéma de réseau discrétisé par le modèle D2Q9. A gauche: réseau LB standard et à droite: modèle D2Q9. 57
2.4 Représentation schématique du mouvement de particules le long des vitesses discrètes pour le modèle bidimensionnel D2Q9. Aux frontières, lignes continues pour les distributions connues (sortantes) et lignes discontinues pour distributions inconnues (entrantes). 61

3.1 Configuration d'un écoulement bidimensionnel de convection naturelle. 80
3.2 Convergence spatiale pour Ra=10^4. 82
3.3 Taux de convergence 82
3.4 Tracés des lignes de courant (en haut) et des lignes isothermes (en bas). De gauche à droite $Ra = 10^3$, 10^4, 10^5 et 10^6. 84
3.5 Effet du nombre de Prandtl sur le transfert de chaleur pour différents nombres de Rayleigh. 86
3.6 Effet de l'inclinaison de la cavité sur le nombre de Nusselt pour différent rapport de forme, pour $Ra = 10^5$ et $Pr = 0.71$. 87
3.7 Historique du nombre de Nusselt $\overline{Nu}_0$ (a) et son spectre de fréquence (b). $Ar = 2$, $\varphi = 90°$ et $Ra = 10^5$. 88
3.8 Configuration du modèle simplifié de la cavité de Bridgman verticale. . 89
3.9 Diagramme des seuils de transitions en cavité de Bridgman verticale. Pr=0.01. 89
3.10 Diagramme de bifurcation pour le modèle de Bridgman horizontal à interface fixe. Pr=0.015. 90
3.11 Comparaison de convergence pour les modèles I et II standards et accélérés. 94

4.1 Domaine d'étude 104
4.2 Diagramme de calcul. 108
4.3 Profils centraux de la composante axiale de la vitesse (gauche) et de la température (droite) prédits par le modèle thermique D2Q9-D2Q4 (LBGK). Rouge: présentes prédictions, noir: résultats de Jets&Poudres et bleu: résultats numériques et expérimentaux de Pfender (d'après [22]).109
4.4 Profils centraux de la composante axiale de la vitesse (gauche) et de la température (droite) pour un profil de température plat à l'entrée. Violet: présentes prédictions, noir: résultats de Jets&Poudres et bleu: résultats numériques et expérimentaux de Pfender. 110

4.5   Isovaleurs de la composante axiale de la vitesse (gauche) et isother-
      mes (droite) prédites par le modèle thermique D2Q9-D2Q4 (LBGK).
      Haut: présentes prédictions, bas: résultats de Jets&Poudres. Interlignes
      et ligne extérieure: vitesse (40m/s et 20m/s); température (1000K et
      1000K) (d'après [22]).   111
4.6   Développement transversal des profils de vitesse (gauche) et de tempéra-
      ture (droite) en comparaison avec la gaussienne centrée (trait continu)
      pour différentes sections.   112
4.7   Isovaleurs de la composante axiale de la vitesse (gauche) et isothermes
      (droite) prédites par le modèle thermique D2Q9-D2Q4 (LBGK) pour
      un jet impactant. Interlignes: vitesse (40m/s) et température (1000K).   113
4.8   Profils centraux de la composante axiale de la vitesse (gauche) et de la
      température (droite) pour un profil de température plat à l'entrée. trait
      continu: présentes prédictions, symbole: résultats de GENMIX.   114
4.9   Principe de projection plasma incluant la torche plasma à courant
      continu, le jet plasma et l'injecteur de poudre.   116
4.10 Schéma de principe: interpolation des propriétés (vitesse et tempéra-
      ture) de la particule en fonction des propriétés du jet plasma.   116
4.11 Comparaison des trajectoires: nos résultats (LBM) et les résultats de
      Jets&Poudres pour deux particules de ZrO_2 dense injectées à différentes
      vitesses.   119
4.12 Comparaison des profils de vitesse: nos résultats (LBM) et les résul-
      tats de Jets&Poudres pour deux particules de ZrO_2 dense injectées à
      différentes vitesses.   120
4.13 Comparaison des profils de température: nos résultats (LBM) et les ré-
      sultats de Jets&Poudres pour deux particules de zircone dense injectées
      à différentes vitesses.   120
4.14 Comparaison de trajectoires: nos résultats (LBM) et les résultats de
      Jets&Poudres pour deux particules de Al_2O_3 injectées à différentes
      vitesses.   121
4.15 Comparaison des profils de vitesse axiale: nos résultats (LBM) et les
      résultats de Jets&Poudres pour deux particules de Al_2O_3 dense injectées
      à différentes vitesses.   122
4.16 Comparaison des profils de température: nos résultats (LBM) et les
      résultats de Jets&Poudres pour deux particules d'alumine injectées à
      différentes vitesses.   122
4.17 Distribution des trajectoires de particules pour $d_p \sim N(45, 10)$, $u_{inj} =$
      10m/s.   123
4.18 Distribution des profils de vitesses pour $d_p \sim N(45, 10)$, $u_{inj} = 10$m/s.   124
4.19 Distribution des profils de température pour $d_p \sim N(45, 10)$, $u_{inj} =$
      10m/s.   124
4.20 Distribution des trajectoires de particules pour une distribution uni-
      forme de position d'injection à la sortie de l'injecteur, $u_{inj} = 10$m/s. .   125
4.21 Distribution des profils de vitesses de particules pour une distribution
      uniforme de position d'injection à la sortie de l'injecteur, $u_{inj} = 10$m/s.   126

vii

4.22 Distribution des profils de températures de particules pour une distribution uniforme de position d'injection à la sortie de l'injecteur, $u_{inj} = 10$m/s. 126

4.23 Distribution des trajectoires de particules pour une distribution uniforme de position d'injection et une distribution parabollique de vitesse d'injection. 127

4.24 Distribution des profils de vitesses de particules pour une distribution uniforme de position d'injection et une distribution parabolique de vitesse d'injection. 127

4.25 Distribution des profils de températures de particules pour une distribution uniforme de position d'injection et une distribution parabolique de vitesse. 128

4.26 Distribution des trajectoires de particules pour une distribution normale d'angle d'injection $\alpha \sim N(90°, 5°)$, $u_{inj} = 10$m/s. 128

4.27 Distribution des profils de vitesses de particules pour une distribution normale d'angle d'injection $\alpha \sim N(90°, 5°)$, $u_{inj} = 10$m/s. 129

4.28 Distribution des profils de températures de particules pour une distribution normale d'angle d'injection $\alpha \sim N(90°, 5°)$, $u_{inj} = 10$m/s. 129

4.29 Effets des dispersions d'injection sur le champ des trajectoires de poudre d'alumine. 130

4.30 Effets des dispersions d'injection sur le profils de vitesses de poudre d'alumine. 130

4.31 Effets des dispersions d'injection sur le profils de températures de poudre d'alumine. 131

Liste des Tableaux

1.1 Les principales caractéristiques des procédés de projection thermique (d'après [2]) 5

1.2 Sous-systèmes et paramètres interagissants dans le procédé de projection plasma 9

1.3 Caractéristiques principales de plasma en / hors ETL (d'après [24]). . 20

2.1 Propriétés des modèles LBM couramment utilisés. Les exposants o, + et x signifient respectivement: particules au repos, particules se déplaçant le long des axes et particules se déplaçant diagonalement. 56

3.1 Test de convergence spatiale 81

3.2 Comparaison des présent résultats avec les résultats de références. . . 84

3.3 Seuils de transitions pour le modèle de Bridgman vertical. Pr=0.01. . 90

3.4 Brisure de symmétrie: point Hopf estimé par divers méthodes. Ar=4, Pr=0.015. 91

3.5 Comparaison des différents nombres de Nusselt moyens pour Pr=1. . . 95

4.1 Conversion entre les grandeurs LB et leurs valeurs correspondantes en espace physique. Le sens de la flèche indique la quantité disponible et la quantité cherchée. 108

4.2 Caractéristiques d'écoulement du jet plasma utilisées dans le code Jets-Poudres. 119

4.3 Propriétées thermophysiques de poudres d'alumine et de zirconie dense. Les indices 's' , 'l', 'f' et 'e' indiquent respectivement: état solide, état liquide, point de fusion et point d'ébullition. 119

Dédicace

À mon père et ma mère,
À mes frères et mes sœurs,
À tous ceux qui m'aiment...

Remerciements

Ce travail de recherche est le fruit d'une convention en cotutelle entre l'**Université de Tunis el Manar** et l'**Université de Limoges**. La présente étude a été réalisée au sein du Laboratoire d'Energétique et des Transferts Thermique et Massique (**LETTM**) à la Faculté des Sciences de Tunis du coté Tunisien et au labolratoire des Sciences des Procédés Céramiques et des Traitements de Surface (**SPCTS/UMR6638-CNRS**) du coté Français.

Je tiens à exprimer mes sincères remerciements à mon directeur de thèse Monsieur **Habib SAMMOUDA**, Professeur à l'ISSAT de Sousse, qui m'a accueilli dans son laboratoire et qui m'a donné l'opportunité d'effectuer ce travail, pour ses conseils scientifiques tout au long de cette thèse, pour ses encouragements et pour la confiance qu'il m'a accordée. Le partage du fruit de son expérience scientifique a été capital. Par ses qualités humaines il a été un support moral, par son esprit de recherche et sa culture scientifique il m'asoutenu et encouragé jusqu'au bout... jusqu'à l'objectif.

Je remercie vivement mon codirecteur de thèse, Monsieur **Bernard PATEY-RON**, Ingénieur de Recherche au CNRS / SPCTS / UMR6638, d'avoir codiriger ce travail, et de m'avoir apporté la rigueur scientifique nécessaire à son bon déroulement, je le remercie de sa cordialité et sa grande disponibilité. Son ouverture et le partage des connaissances m'ont permis de travailler dans les meilleures conditions, tant l'atmosphère positive, l'ambiance agréable et conviviale au sein de son groupe ne relève pas simplement du plaisir de la recherche scientifique mais aussi d'une logique dont le résultat final de ces trois ans de travail à fond conjugue l'objectif visé et la projection sur le futur... *sans oublier de mentionner que Monsieur Bernard a soutenu mon activité malgré le drame incendie qui a frappé son laboratoire, entrainant une importante perte de documents et d'outils... Sa présence et sa réactivité ont permis de sauver les thèses en cours...*

J'exprime mes plus vifs remerciements à Monsieur **Mohamed El Ganaoui**, Professeur à l'Université Henri Poincaré-Nancy 1, pour la qualité de son encadrement, pour la confiance qu'il m'a accordée et pour les conseils précieux qu'il n'a pas cessé de me prodiguer tout au long de ce travail. Par ses qualités humaines exceptionnelles et ses idées qui privilégient l'avenir et le futur chercheur, avec l'actualisation des connaissances et l'extension de la recherche au-delà du champs de la thèse, il m'a permis de partager le fruit de son expérience scientifique, la méthodologie d'abord des sujets scientifiques et sa volonté de ne jamais économiser un effort et un conseil.

Je remercie approfondément Monsieur Zhaoli GUO, Professeur à l'Université des Sciences et de Technologie de Huazhong-Chine, pour ses aides appréciables sur la méthode de Boltzmann sur réseau.

Je tiens à remercier tout particulièrement Monsieur Taieb LILI, Professeur Emérite à la Faculté des Sciences de Tunis, d'avoir participer à ce jury, en tant que président. Je lui exprime mes plus hauts respects.

Je remercie vivement Monsieur Noureddine BOUKADIDA, Professeur à l'ISSAT de Sousse et Monsieur Jerome POUSIN, Professeur à l'Institut Camille Jordan, INSA de Lyon, d'avoir accepter d'être les rapporteurs de cette thèse. Je leur exprime toute ma gratitude pour l'intérêt qu'ils ont manifesté à l'égard de ce travail et pour leurs appréciations.

J'adresse aussi mes remerciements à Monsieur Ali BELGUITH, Professeur Emérite à la FS de Tunis, à Monsieur Rajeb BEN MAAD et Monsieur Afif EL CAFSI, Professeurs à la Faculté des Sciences de Tunis pour leurs aides continues et leurs conseils dès mes études de Mastère en MAFTTM. Je leur exprime mes plus hauts respects.

Je n'oublierais jamais Monsieur Nicolas CALVÉ, Moèz JRAD et Fahmi ELHAFSI pour leurs aides très précieuses en informatique et programmation sous FORTRAN. Merci également à mes chèrs amis Raed, Soufian, Abderrazzek, Mechiguèl, Soumia, Fataoui,... pour les discussions scientifiques qu'on a échangé durant la préparation de nos thèses à l'UMR6638. Merci, également, à Madame Faouzia pour sa générosité, pour ses qualités humaines et de son aide technique et administrative et merci encore à tous les collègues du laboratoire LETTM.

Je remercie tous les membres de la Faculté des Sciences de Tunis (FST) et de la Faculté des Sciences et Techniques de Limoges enseignants, chercheurs, techniciens et personnels administratifs avec qui j'ai eu le plaisir de travailler.

Merci également à tous mes amis qui m'ont soutenu et merci à Madame Michèle MALGAT (BAEI) et Madame Denise GARREAUD (CROUS Limoges) pour leurs aides et d'avoir rendu agréables mes séjours à la Cité La Borie à Limoges avec la découverte de la Haute-Vienne et de la région du Limousin.

Particulièrement je remercie Mme Mériem, ex-Déligué des affaires sociales au gouvernorat de Béja pour son aide, ses conseils et ses encouragements continus.

Je me sens chanceux pour avoir fait beaucoup de nouveaux amis ici. Le temps passé au laboratoire LETTM m'a paru court grâce à Slim HOUIMLI, Mohsen TOUJANI, Lotfi ELMELKI et Abd Razzèk Zaâraoui.

Je ne saurais finir sans remercier mes amis Elhomrani, Fathi, Chihi et Wahid Bousitta pour les bon moments passés ensembles aux séjour à El Omran El Aāla et mes collègues Youssef, Hosni, Adnène, Souheil, Souhaib, Adel bousnina, Waèl, Anis, Moèz, Abroud, Nessim et Faycel à ISET de Béja pour les moments inoubillables passé à Béja... à Tabarka...

Je réserve mes mercis les plus profonds aux membres de ma famille. J'ai une grande dette auprès de mon cher père: EL Aïdi BEN CHAOUACHI, de ma chère Mère Mabrouka REZGUI et de mes frères pour leur amour, leur attachement et leur appui indéfectible lors de mon long voyage d'étude. Ils ont tellement fait pour m'aider, et les mots ne peuvent pas exprimer toute ma gratitude. Je leur suis reconnaissant de leur amour et de leurs encouragements aux parents de mon épouse.

Enfin et tout particulièrement, je remercie mon épouse Imen OUERHANI, le partage avec moi de tous les moments difficiles et passionnants de la vie, de tout son amour, son appui et de sa foi en moi. Son sourire éclaire toujours ma vie.

Résumé

Ce travail présente une étude du procédé de projection plasma à l'aide de la méthode de Boltzmann sur réseau, couramment notée LBM (Lattice Boltzmann Method). L'étude, utilisant un modèle themique de la méthode de Boltzmann, révèle le nombre de phénomènes physiques complexes abordés: conduction, convection, rayonnement, changement de phase (solide-liquide-vapeur), turbulence et transfert de chaleur et de masse. A la différence des méthodes conventionnelles de CFD, l'équation de Boltzmann sur réseau (LBE) est basée sur les modèles microscopiques et les équations cinétiques mesoscopiques dans lesquels le comportement collectif des particules fictives, dans un système, est employé pour simuler la mécanique des continus du système. En raison de cette nature cinétique, la méthode LBM s'avère particulièrement utile dans diverses applications impliquant la dynamique interfaciale et les frontières complexes, en particulier les écoulement multi-phases et multi-composants, très présents en projection plasma sujet de ce travail.

D'abord, le procédé de projection par plasma d'arc et les principaux phénomènes qui régissent la formation du jet plasma, les échanges thermiques et dynamiques entre la particule et l'écoulement du jet gazeux et la construction du dépôt sont examinés. Une étude bibliographique portant sur les modèles développées et les outils utilisés pour simuler les propriétés du procédé de projection a été faite. Ensuite, la méthodologie et les notions générales de la méthode de LBM sont présentées. Les différentes techniques de prise en compte des conditions aux limites, la prise en compte des termes force et les approches dynamiques et thermiques les plus couramment utilisées sont présentées et discutées. Après, deux modèles à double populations couramment employés (l'approche du scalaire passif et l'approche d'énergie interne) sont proposés pour comparer leurs efficacités dans les formes standards et améliorées. Ces deux modèles thermiques à deux temps de relaxation ont été améliorer en incorporant une technique d'accélération. La validité de ces modèles est vérifiée par nos résultats de simulation. Différents cas test bien sélectionnés ont été utilisés. L'application de ces deux modèles à des écoulements de convection naturelle classique stationnaire et transitoire, à des écoulements en milieux poreux et à la détermination des seuils de transition pour des écoulements présentant des brisures de symétries révèle la bonne performance de ces modèles LBM par comparaison aux résultats des méthodes conventionnelles.

La simulation de de jet plasma a été effectuée en utilisant un modèle LBM convenablement choisi, celui du scalaire passif. La validation des résultats sur les profils des champs axiaux est en très bon accord avec les résultats numériques et expérimentaux de la littérature donnée par divers auteurs. L'analyse des profils radiaux de vitesse et de température, le développement du jet (épaisseur du jet) et le comportement dynamique et thermique dans une configuration réèlle de projection démontre que la méthode LBM est un outils puissant pour la simulation des écoulements à très hautes températures, et donc à paramètres de diffusion variables, et de très grands gradients pour les paramètres.

L'étude du comportement dynamique et thermique de particules en projection a été effectuée. Une comparaison a été faite sur des cas tests de particules de zircone et d'alumine de différentes dimensions injectées à différentes vitesses et a montré que nos résultats sont en très bon accord avec les résultats du code Jets&Poudres. l'accent a été ensuite mis sur l'effet de la dispersion (en vitesse, en dimension, en position et en angle d'injection) à l'injection de poudre en alumine sur le comportement dynamique et thermique de particules en vol. Nous avons conclu que l'intéraction de ces paramètres résultent en un champ de projection réaliste et que les paramètres d'arrivée à l'impact avec le substrat sont raisonnables ($u_{moy} \sim 100m/s$, $T_{moy} \sim 2200K$ donc en accord avec les résultats expérimentaux).

Pour finir, les accomplissements de cette étude ouvre la voie sur la simulation d'écoulements complexes, et débouche sur la possible étude des dépôts dont les propriétés sont fortement conditionnées par les histoires dynamique et thermique de la poudre lors de son séjour dans le jet plasma, ce qui enrichie les perspectives et donne la valeur effective à ce travail.

Abstract (Abredged version)

This work deals with the plasma jet and the plasma spray study by the helps of the lattice Boltzmann method, LBM. The study, using a thermal LBGK model, reveals the number of complex physical phenomena approached: conduction, convection, radiation, phase transition (solid-liquid-steamer), turbulence and heat and mass transfer. Contrarily to the conventional methods in CFD, the lattice Boltzmann equation (LBE) is based on microscopic models and mesoscopic kinetic equations in which the collective behavior of the fictitious particles, in a system, is employed to simulate the continuous mechanics of system. Because of this kinetic nature, the method LBM proves to be particularly useful in various applications implying interfacial dynamics and complex boundary, in particular the multiphases and multi-components flows. Plasma jets and plasma spraying fall into these categories.

First, the plasma spray process and the principal phenomena governing the plasma jet formation, heat and dynamic exchange between the particle and the jet flow and the coat forming are examined. A literature study related to the developed models and the tools used to simulate the properties of the process of projection was made. In continuation, the general methodology and notions of the LB method are presented. The various techniques of taking into account of the boundary conditions, the account of the force terms and the dynamic and thermal approaches most employed are presented and discussed. After, two simple combined models with two relaxation times usually employed (the passive scalar approach and internal energy approach) are proposed to improve and to compare the effectiveness. These two thermal models are improved by incorporating an acceleration convergence technique. The validity of these models is checked by our simulation results. Various well selected cases test were used. The application of these two models to flow of stationary and transients traditional natural convection flows, to flows in porous media and to the evaluation of transition thresholds of flows with symmetry breaking reveals the high efficiency of these two LBM models by comparison with the results of conventional methods.

The plasma jet simulation was carried out by using a suitably chosen LBM model, the passive scalar approach. The validation of our results on the axial profiles of the velocity and temperature fields is in very good agreement with the numerical and experimental results of the literatures for various authors. Analyzing the velocity and temperature radial profiles, the jet development (jet thickness) and the dynamic and thermal behavior in a real spray configuration show that LB method is a powerful tools for simulation of flows at very high temperature (thus temperature dependent diffusion parameters) and of very high gradients of properties.

The study of the dynamic behavior of particles and thermal spraying was carried out. A comparison was made on test cases of zirconia and alumina particles of different sizes injected at different speeds and showed that our results are in very good agreement with the results of the code Jets&Poudres. Emphasis was then taken on the effects of dispersion (in speed, size, position and angle of injection) at injecting point of alumina powder on the dynamic and thermal behavior of particles in flight. We concluded that the interaction of these parameters results in a realistic projection field and the arrival parameters at the impact with the substrate is therefore in reasonable agreement with experimental results).

Finally, the achievements of this study paves the way for the simulation of complex flows, and leads to possible study of coating whose properties are strongly influenced by the dynamic and thermal histories of the powder during its stay in the plasma jet, which enhanced the prospects and gives the actual value of this work.

Introduction au contexte du sujet

Dans un contexte scientifique où la modélisation des écoulements semble être résolue tant en raison de la puissance croissante des machines informatiques que de l'amélioration des techniques numériques, de nouveaux concepts de calculs émergent. Ce sont typiquement les méthodes de résolution de type gaz sur réseau, qui connaissent depuis une vingtaine d'années un développement théorique croissant. Elles sont dénommées méthode de résolution de Boltzmann sur réseau ou "Lattice Boltzmann method: LBM". La méthode de Boltzmann sur réseau dérive de l'équation de Boltzmann et travaille sur des fonctions de distributions discrètes qui représentent la probabilité de trouver une particule à un temps, une position et une vitesse données. Cette nouvelle méthode s'impose aujourd'hui comme une approche sérieuse et puissante dans la simulation numérique en dynamique des fluides. La méthode a prouvé son aptitude à simuler une grande variété d'écoulements fluides. La simulation des écoulements et des transferts par la méthode LBM est fondée sur la théorie cinétique des gaz et la physique statistique, alors que les méthodes conventionnelles sont fondées sur la mécanique des milieux continus. L'attrait de de la méthode LBM résulte de sa stabilité (inconditionellement stable $CFL = 1$)[1], et de la forme linéaire de son schéma numérique qui se réduit en opérations algébriques simples. Ce qui permet de surmonter les problèmes de stabilité et les difficultés liées aux non non linéarités des équations de Navier-Stokes qui conduisent généralement à des équations algébriques. L'équation de Boltzmann sur réseau est une expression minimale de l'équation de Boltzmann et elle permet de bien décrire les comportements dynamique et thermique de l'écoulement à l'échelle macroscopique (équations de continuité, de la quantité de mouvement et de l'énergie) avec une précision du second ordre en espace et en temps.

En raison de sa simplicité et son exactitude, la méthode reçoit une attention continue des chercheurs en dynamique des fluides. La qualité et l'efficience de la méthode LBM réside dans sa capacité à simuler et modéliser les écoulements complexes: écoulements multiphasiques, les écoulements chimiques réactionnels, les micro-écoulements,..., de manipuler facilement les géométries complexes et dans sa flexibilité de couplage aux méthodes conventionnelles.

Le laboratoire LETTM (Laboratoire d'Énergétique et des Transferts Thermique et Massique) s'intéresse à l'étude des écoulements multiphasiques dont fait partie la projection plasma. L'objectif de nos travaux est de poursuivre les études et de fournir une meilleure compréhension des phénomènes qui interviennent dans de tels milieux. En effet, la projection thermique constitue un champ d'application vaste et d'intérêt

---

[1] $\text{CFL} = \max[\Delta t \left(\frac{u1}{\Delta x}, \frac{u2}{\Delta y}, \frac{u3}{\Delta z} \right)]$

majeur en raison de ses applications qui couvrent de nombreux domaines de l'industrie aéronautique et des traitements de surface. Le procédé de projection plasma consiste à pulvériser des particules microniques dans un jet de plasma dont la température s'élève à plus de 8000K. Selon leurs histoires dynamique et thermique les particules, viennent s'étaler sur une pièce à traiter et leur comportement définit la qualité et les propriétés du dépôt obtenu. Les jets de plasma sont typiquement utilisés pour la projection plasma, la pyrolyse et la synthèse de nouveaux matériaux, et ont étendu les possibilités technologiques de traitement de tout matériau fusible. Des publications abondantes traitent de ce type de procédé et démontrent l'intérêt porté à ce sujet.

Il est attendu d'une modélisation, d'une part, qu'elle rende bien compte des échanges particules-jet de plasma afin d'obtenir une bonne qualité des propriétés du dépôt formé. D'autre part, l'abord de la résolution du problème de projection plasma dans toute sa complexité puisque la méthode de Boltzmann sur réseau est particulièrement adaptée à la simulation des écoulements gazeux qui présentent un comportement collisionnel et discontinu. Se posent les questions suivantes. La méthode de Boltzmann sur réseau est-elle, donc, capable de:

- simuler les jets plasmas soufflés atmosphériques axisymétriques et turbulents utilisés en projection?

- rendre compte de conditions aux limites sur des surfaces complexes (jets libres),

- rendre bien compte des échanges dynamique thermique, qui sont primordiaux dans un jet plasma d'arc soufflé.

- rendre compte des gradients de propriétés de transport: viscosité, diffusivité,...?

- rendre compte de la symétrie axiale du jet, afin de diminuer les temps de calculs?

Les chapitres à poursuivre fourniront les réponses à ces questions.

Le présent manuscrit est organisé comme suit: le **premier chapitre** situe le procédé de projection par plasma parmi les autres procédés de projection thermique et détaille les principaux phénomènes qui contrôlent le traitement de la poudre et la construction du dépôt en projection plasma. Le **deuxième chapitre** présente en détail la méthodologie et les notions générales de la méthode LBM ainsi que les différents modèles utilisés en écoulements isothermes et athermes. Le **troisième chapitre** présente une validation de modèles que nous avons développés par application à des cas tests représentatifs pour des écoulements thermiques. Enfin, le **chapitre quatre** présente les principaux résultats que nous avons obtenu pour la simulation de jet de plasma axisymétrique et turbulent en comparaison au résultats de littératures expérimentales et numériques et pour les comportements dynamique et thermique de poudre pulvérisées.

Chapitre 1

La projection plasma: une revue de littérature

1.1	**Historique**	**1**
1.2	**Brève description de la projection thermique**	**2**
1.3	**Présentation de la projection plasma**	**5**
	1.3.1 Principe du procédé	5
	1.3.2 Choix des gaz plasmagènes	6
	1.3.3 Plasma d'agon et mélange optimal	12
	1.3.4 Fonctionnement de la torche	13
	1.3.5 Formation de l'arc éléctrique	14
	1.3.6 Développement du jet de plasma	16
	1.3.7 Injection de particules	17
	1.3.8 Intéraction plasma-particules	18
	1.3.9 Comportement à l'impact et formation du dépôt	29
1.4	**Projection plasma en CFD**	**31**
	1.4.1 Modèles 2-D stationnaires	31
	1.4.2 Modèles 2-D transitoires	33
	1.4.3 Modèles 3-D stationnaires	35
	1.4.4 Modèles 3-D transitoires	36
	1.4.5 Modélisation du comportement de particules	37
1.5	**Conclusion**	**38**

1.1 Historique

L'apparition des revêtements par projection thermique date depuis 1909 avec l'invention de Schoop (qui a laissé le nom de « schoopage » à ces techniques) relatif à la projection de plomb fondu à l'aide d'un nébuliseur (vaporisateur) [1], puis de plomb en poudre à travers une flamme. L'application du procédé a été, ensuite, étendue à des applications industrielles depuis 1914 contre la corrosion (dépôts d'aluminium) ou pour des fins de décoration (dépôt de bronze) [2]. La nécessité à des propriétés plus spécifiques dans de nombreuses applications, particulièrement l'aéronautique et la mécanique où les pièces (ou organes) fonctionnent dans des conditions sévères (sollicitations internes: contraintes mécaniques, fatigue, fluage...; sollicitations externes: frottement, abrasion, température...; sollicitations environnementales : corrosion, oxydation, attaque chimique...), a permis le développement de nouvelles technques en projection thermique cathégoriquement classées en deux familles selon la source de chaleur employée: la projection par flamme, et elle regroupe actuellement la projection flamme-poudre, la projection flamme-fil, la projection supersonique par combustion (HVOF : High Velocity Oxy-fuel Flame et HVAF : High Velocity Air-fuel Flame) et le canon à détonation. La seconde famille est la projection par arc électrique et elle regroupe actuellement la projection arc-fil et la projection par plasma d'arc soufflé. Aujourd'hui les objectifs se focalisent plus sur la réduction des coûts d'améliorations des performances des pièces traitée [2].

1.2 Brève description de la projection thermique

La projection thermique regroupe l'ensemble des procédés grâce auxquels un materiau d'apport est fondu ou porté à l'état plastique grâce à une source de chaleur, puis est projeté sur la surface à revêtir sur laquelle il se solidifie. La surface de base (substrat) ne doit subir ainsi aucune fusion et l'adhérence du dépôt est mécanique. La figure **1.1** présente le principe de base de la projection.

En projection par flamme, une réaction chimique est utilisée comme source d'énergie. Dans le procédé flamme-poudre, les particules sont accélérées par air soufflé ou par le gaz porteur. La vitesse des particule est considérée faible (de l'ordre de 30 m/s), ce qui a pour conséquence une faible adhérence (de 20 à 40 MPa) pour les dépots réalisés et un grand taux de porosité (10 à 20 %). Le principe du procédé flamme-poudre est illustré sur la figure **1.2(a)**. La température du matériaux ne doit pas dépasser 0.6-0.7 la température de la flamme oxygène-combustible lorsque le matériau à projeter est sous forme de poudre. Ceci reste aussi le siège du procédé projection supersonique par combustion où la poudre est entraînée dans la flamme par un gaz neutre. Ce dernier procédé a l'avantage de permettre une vitesse de particules allant de 300m/s à 600m/s et ce qui permet un bon écrasement des particules dans un état plastique et une réduction effective du taux de porosité (0.5 à 2%). Le principe du procédé projection supersonique par combustion est expliqué par la figure **1.2(b)**. Pour le procédé canon à détonation le matériau à projeter est aussi pris sous forme poudre. Le mélange de gaz de combustion explose, suite à une étincelle, créant une onde de choc maintenue par la combustion et qui se déplace à une vitesse de l'ordre de 2900m/s. Les particules sont éjectées à une vitesse qui peut atteindre 1200m/s, ce qui améliore nettement la qualité du dépôt obtenu. En effet, le taux de porosité est inférieur à 1% (dépôt plus compact), une bonne force d'adhérence (50 à 80 MPa) et l'épaisseur déposée couvre la plage faible à moyen (0.05 à 1mm). Le principe est indiqué sur la figure **1.2(c)**. Cependant, ce procédé présente des contraintes aux niveaux des installations tel que le bruit (plus de 140 dB) ce qui réserve son utilisation à des sites spécialisés.

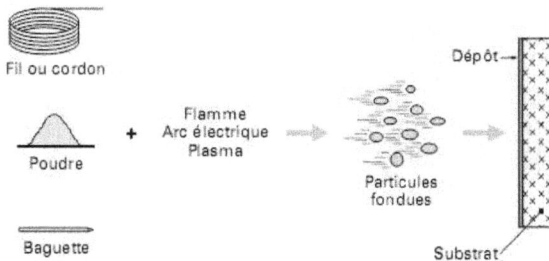

Figure 1.1: Principe de base de la projection thermique (d'après [2])

Un avantage est remarqué pour le procédé flamme-fil, c'est que la température du matériel d'apport peut atteindre 0.95 la température de la flamme. Dans ce procédé, le matériau d'apport est introduit sous forme de fil ou baguette (selon que le matériau est ductile ou fragile) qui seront fondus à l'extrémité, la matière fondue sera entrainée par air soufflé. Un bon taux horaire de dépôt peut être obtenu par ce procédé (1 à 20Kg/h). Le principe est schématisé sur la figure **1.2(d)**.

Des dizaines de paramètres macroscopiques peuvent conditionner le fonctionnement d'un procédé et donc influencer le résultat obtenu. Le tableau 1 énumère quelques caractéristiques des différents procédés. Nous y remarquons la limitation de la projection par flamme à des températures inférieure à 3000K, ceci réduit son champ d'application, donc, à des matériaux dont la température de fusion est très inférieure à 3000K.

En projection par arc électrique la contrainte température n'est plus posée, la température peut dépasser 8000K, et est donc au delà de la température de fusion de tout matériau. Dans le cas de projection arc-fil, le mtériau a projeter doit être conducteur électrique et trélilable: zinc, aluminium, cuivre, molybdène,... Les deux fils, comme le montre la figure **1.3**, servant d'éléctrodes fondent à leurs extrémitées

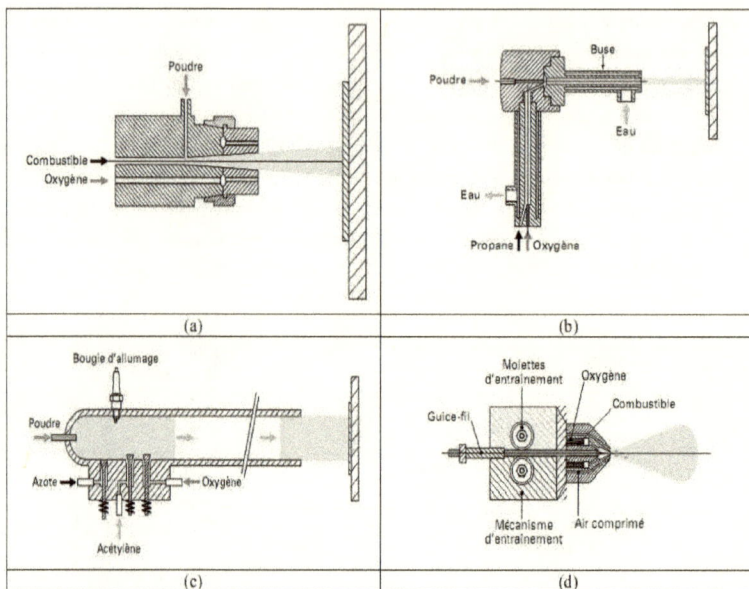

Figure 1.2: Principe de base des procédés (d'après [2]) (a): flamme-poudre, (b): projection supersonique, (c): canon à détonation et (d): flamme-fil (d'après [2]).

suite à l'application d'une tension (25 à 40V) à leurs bornes. Un gaz d'atomisation appliqué entre les deux fils sert à la fois à détacher les bouts fondus et à transporter les goutelettes vers le substrat. Cette technique permet de réaliser des dépôts plus ou moins épais (0,5 à 3 mm) à des débits massiques élevés (5 à 30 kg/h) et présente ainsi un meilleur rendement de dépôt par rapport aux autres procédés.

Pour le procédé de projection par plasma d'arc soufflé, nous rappelons le lecteur que notre étude porte sur la simulation et modélisation de jets plasma et de l'intéraction plasma-particules injectées. Pour ce faire, ce procédé sera décrit et analysé de façon plus détaillée dans la section suivante.

Il résulte du tableau **1.1**, que dans le cas d'un procédé par plasma d'arc classique, les hautes températures sont privilégiées alors que dans le procédé HVOF, c'est la vitesse qui est privilégiée. De façon générale, ces procédés de projection sont complémentaires, ce qui laisse percevoir que pour obtenir un revêtement très dense, c'est à dire à faible porosité, et réfractaire de type zircone, il faut utiliser de préférence une projection par plasma et éventuellement une tuyère supersonique pour augmenter les

Caractéristiques	Projection flamme-poudre	Projection flamme-fil	Arc électrique	Plasma	HVOF	Canon à détonation
Source de chaleur	flamme oxyacétylénique	flamme oxyacétylénique	arc électrique	plasma	flamme oxyacétylénique	flamme oxyacétylénique
Température de flamme...............(°C)	3 000	3 000	6 000	12 000	3 000	3 000
Transport des particules	gaz flamme	air comprimé	air comprimé	gaz plasma (Ar/H)	gaz flamme	gaz flamme
Vitesse des particules.............(m/s)	40	150	250	200	700	950
Forme du produit d'apport	poudre	fil-cordon	fil	poudre	poudre	poudre
Taux horaire de dépôt..................(kg/h)	1 à 3	1 à 20	5 à 30	1 à 4	3 à 5	3 à 5
Rendement moyen (1)(%)	50	70	80	70	70	70
Force d'adhérence.....(MPa)	20 à 40	20 à 40	40	30 à 70	50 à 80	50 à 80
Taux de porosité..........(%)	10 à 20	10 à 20	8 à 15	1 à 10	0,5 à 2	0,5 à 2
Épaisseur déposée.....(mm)	0,1 à 1,5	0,1 à 1,5	0,2 à 3	0,05 à 1,5	0,05 à 1	0,05 à 1
Exemples de matériaux d'apport	– métaux – céramiques – carbures dans matrice métallique	– métaux – céramiques – carbures dans matrice métallique	– métaux	– métaux – céramiques – carbures	– métaux – carbures	– carbures – céramiques

(1) Pourcentage de poudre projetée qui adhère au matériau.

Tableau 1.1: Les principales caractéristiques des procédés de projection thermique (d'après [2])

vitesses à l'impact. Il est à indiquer ici que la vitesse reste un paramètre parmi d'autres (vers une soixantaine) pour assurer un revêtement aux qualités reproductibles [3].

1.3 Présentation de la projection plasma

Le plasma est un gaz dans lequel une fraction des atomes ou molécules sont ionisées. La présence de ces porteurs de charge rend le plasma électriquement conducteur et il réagit fortement aux champs électromagnétiques. Le plasma a donc des propriétés très différentes de celles des solides, des liquides ou des gaz et est souvent appelé «quatrième état de la matière».

1.3.1 Principe du procédé

Dans le processus de projection par plasma, le matériau à déposer, typiquement comme poudre, est injecté dans un jet de plasma. Ce jet de plasma est généré par dissociation et ionisation des molécules de gaz : hydrogène, argon, hélium ou azote par effet Joule dans un arc électrique. L'énergie de cette réaction produit un jet de gaz qui est à une température qui dépasse 20,000K qui est donc susceptible de faire fondre tous les matériaux qui peuvent être transformés en poudre. Après que le matériau soit fondu ou porté à l'état plastique dans le jet de gaz plasmagène, il sera pulvérisé ou propulsé vers une surface à revêtir appelée substrat. Là, les gouttelettes fondues (ou partic ules plastifiées) s'écrasent, rapidement solidifient et forment un dépôt. Le schéma de principe est indiquée par la figure **1.3**. À la sortie de l'injecteur, les particules prennent différentes directions (angles). Cependant, la distribution des trajectoires des gouttelettes (jets de poudres fondues au sein du jet plasma) est typiquement conditionnée par la taille (ou la masse) des gouttelettes. Ce volet sera étudié dans le chapitre 4. La trajectoire d'une gouttelette caractérise son intéraction avec le gaz chaud donc son histoire thermique et par conséquence définit sa manière d'étalement sur le substrat. Le substrat est un empilement successif de lamelle écrasées. L'état d'arrivée de la particule (semi/comlètement fondue ou plastifiée etc...) et les conditions d'arrivée (inertie, angles d'incidence, état de la surface d'incidence, etc...) conditionnent la qualité du dépot obtenu.

Le processus de projection plasma est subdivisé en cinq sous-systèmes: la formation du jet plasma, la puissance et son injection dans le jet (énérgie chalorifique + débit), la composition du milieu environnant, le matériau du substrat et sa préparation (propreté, rugosité, état d'oxydation, temps et contrôle de température de préchauffage pendant la pulvérisation et le refroidissement) et le mouvement relatif de la torche par rapport au substrat (épaisseur du dépôt par passage et contrôle de température) (voir figure **1.4**). L'ensemble de ces sous-systèmes est caractérisé par plusieurs paramètes de contrôle dont les plus pertinents sont indiquées dans la figure **1.4**. Ces paramètres (et autres) font de la projection plasma un procédé libre d'un contôle strict et ouvert à la recherche et au développements scientifiques.

Ce grand nombre de paramètres technologiques, figurant à plusieurs niveaux comme le montre la figure **1.4**, influencent l'interaction des particules avec le jet de plasma et le substrat et donc les propriétés de dépôt. Ces influences sont classifiées dans le tableau **1.2**. Nous citons, par exemple pour le milieu environnant, qu'un jet plasma d'argon déchargeant en air est plus déformé a la fin du domaine de calcul comme le montre Dilawari et al. [4]; donc la vitesse diminue beaucoup plus rapidement que dans un jet plasma d'argon immergé en argon.

Dans les sous-sections suivantes nous allons décrire et analyser le procédé de projection par plasma d'arc soufflé dès l'accrochage de l'arc éléctrique jusqu'à la formation du dépôt.

1.3.2 Choix des gaz plasmagènes

La nature des gaz est de première importance en technologie des plasmas d'arc soufflé [**5-6-7**]. En effect, le comportement thermique des particules du matériau à projeter ne dépend pas seulement des paramètres de fonctionnement de la torche mais aussi des propriétés thermodynamiques et de transport du gaz (ou du mélange de gaz)

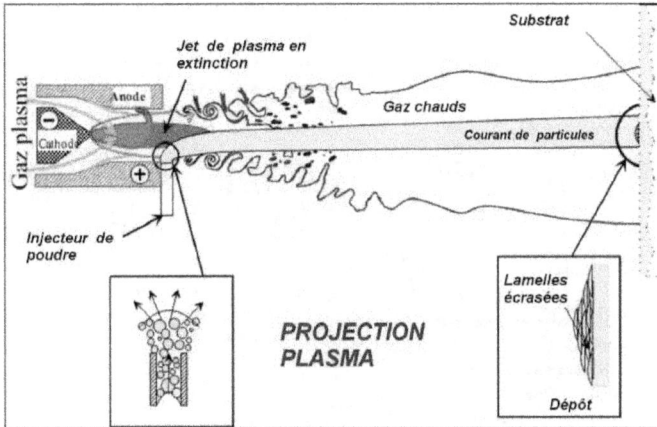

Figure 1.3: Schéma de principe de la projection par plasma d'arc soufflé

plasmagène utilisé. Ce sont les atomicités de ces derniers qui font la différence pour l'essentiel ainsi que leur masse atomique. C'est pourquoi des mélanges sont utilisés pour essayer d'obtenir un gaz de comportement optimum. C'est-à-dire qu'il faut une masse volumique élevée pour avoir une bonne quantité de mouvement (ce qui est le cas de l'argon Ar), une conductivité thermique la meilleure possible (cas de He ou H_2) pour les échanges thermiques avec les particules, une ionisation à température faible (Ar) ou élevée (He), etc. Il est à noter que la vitesse du son en phase gazeuse est liée à la masse atomique et au rapport de capacités chalorifiques γ comme suit [8]:

$$C_s = \sqrt{\left(\frac{\partial p}{\partial \rho}\right)_S} = \sqrt{\frac{\gamma}{1-D_p}\overline{x}R'T} \qquad (1.1)$$

Où $p(Pa)$ est la pression, $\rho(kg/m^3)$ est la masse volumique du gaz, $S(kJ/kg.K)$ l'entropie massique, $\overline{x}$ est le nombre total de moles, R' la constante des gaz parfait relative à l'unité de masse, $T(K)$ est la température du gaz, $D_p = (\partial \ln \overline{x}/\partial T)_p$ (en absence de réaction D_p=0) et $\gamma = C_p/C_v$, lequel est plus élevé dans les gaz atomiques (=1.5) que pour les diatomiques (=1.4) ou poly-atomiques, etc. En outre, pour les gaz diatomiques ou poly-atomiques beaucoup d'énergie (enthalpie) est nécessaire pour la dissociation (N_2, H_2, NH_3, CH_4, etc.) ce qui augmente l'enthalpie massique et donc la tension d'utilisation de la torche plasma. Du fait des dissociations et ionisations, les nombres de moles du gaz $\overline{x}$ varient avec la température et donc les masses atomiques (et atomicité) et le coefficient γ. Ainsi un gaz qui est diatomique à 300 K est

- 7 -

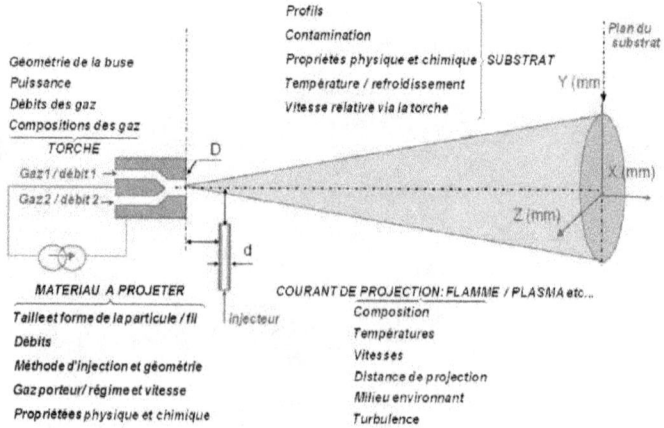

Figure 1.4: Caractéristiques des sous-systèmes du procédé de projection

monoatomique au-delà de la température de dissociation. Pratiquement H_2 n'est pas utilisable pur (manque de masse) c'est pourquoi de l'argon est ajouté. Il en est de même de l'Hélium. L'azote N_2 est utilisable pur mais en général de l'hydrogène ou de l'hélium sont ajoutés. Les mélanges ternaires optimaux semblent être actuellement de type Ar-H_2-He.

Les phénomènes de dissociation et d'ionisation sont à l'origine des variations de conductivité thermiques. L'azote ou l'hydrogène sont ajoutés pour augmenter le transfert de chaleur au voisinges des températures de dissociation, laquelle est de l'ordre de 3500K pour H_2 et vers 7500K pour N_2. L'hydrogène, avec sa plus basse température de dissociation, fait de lui le gaz le plus utilisé d'un point de vue transfert de chaleur. L'hélium posséde une conductivité thermique nettement élevée, son ionisation commence vers 16000K. L'hélium contribue à améliorer l'impact des particules en augmentant la viscosité du mélange gazeux au-delà de 10000K et en limitant les phénomènes de turbulence au voisinages de la colonnes d'arc.

La conductivité thermique d'un gaz plasmagène regroupe quatre termes dépendant généralement de la température. Elle s'exprime comme suit:

$$K_{tot} = K_{translation} + K_{électrons} + K_{interne} + K_{réaction} \qquad (1.2)$$

Où $K_{translation}$ est la conductivité de translations des particules gazeuses lourdes, elle est importante jusqu'à 8000-9000K; $K_{électrons}$ est la conductivité thermiques des

	Formation du jet plasma	Injection des particules	Ecoulement et particules	Formation du dépôt
Paramètres opératoires	- Géométrie des électrodes, - Courant d'arc, - Composition du gaz, - Débit massique du gaz.	- Position et géométrie de l'injecteur, - Granulométrie, - Morphologie, - Débit du gaz porteur.	- Nature du gaz environnant, - Pression.	- Débit de poudre, - Distance de tir, - Mouvement relatif torche/substrat, - Refroidissement du substrat.
Influence	- Fluctuation du pied d'arc, - Rendement thermique de la torche, - Enthalpie, température et vitesse du jet.	Distribution de vitesse, température, état de fusion, taille, forme et chimie de surface des particules.		- Angle d'impact des particules, - Flux thermique au substrat, - Vitesse de refroidissement des lamelles et des couches, - Epaisseur des couches.

Tableau 1.2: Sous-systèmes et paramètres interagissants dans le procédé de projection plasma

éléctrons et elle est prépondérante au delà de 10000K; $K_{interne}$ est la conductivité themique internes et elle est généralement négligeable et $K_{réaction}$ est la conductivité thermique réactionnelle et elle est responsable des pics importants lors de la dissociation puis de l'ionisation.

Le choix du mélange de gaz est en d'autres termes *un dosage d'éléments gazeux* en fonctions de l'application (projection plasma) à effectuer. Les figures **1.5** et **1.6** présentent l'effet de l'addition d'un gaz en différentes proportions sur les propriétées (telles que la conductivité thermique et l'enthalpie massique) d'un autre gaz pur à pression atmosphérique, calculée à l'aide du logiciel T&TWinner [**7**].

Sur la figure **1.5** nous remarquons l'effet de l'ajout de l'azote sur la conductivité themique du gaz plasmagène. Vers environ 7500 K, nous remarquons l'apparition de pics de dissociation de l'azote résultant en une augmentation de la conductivité thermique du mélange à raison de 1.3 W/m.K pour chaque ajout de 25% d'azote. Aux pics, la conductivité de l'azote pur est quatre fois plus grande que celle du mélange Ar-N$_2$ (75%-25% vol) et vers 30 fois celle de l'argon pur. La conductivité de l'azote est 5 fois plus grande que celle de l'argon pur vers 9000K, puis au fur et à mesure que la température augmente les deux conductivités croîent et un autre pic apparait pour l'azote, au delà duquel (vers 20kK) les deux conductivités tendent l'une vers l'autre.

En projection par plasma d'arc soufflé, lorsque le pourcentage d'azote augmente, la conductivité thermique du gaz plasmagène croît et l'arc subit une constriction. Il

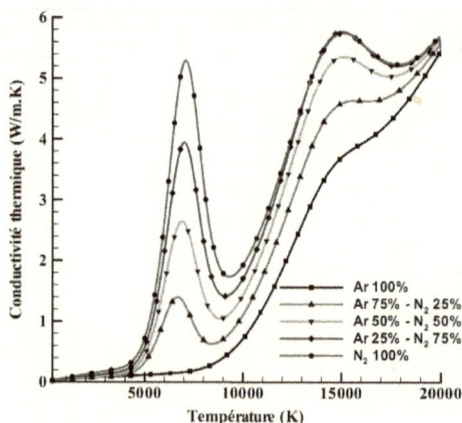

Figure 1.5: Conductivités thermiques des gaz purs Ar, N_2 et de mélanges Ar-N_2 à différentes proportions à pression atmosphérique, (le pourcentage est en fraction molaire).

en résulte une augmentation du champ électrique et de la longueur de l'arc. Il s'en suit une meilleure dissipation de l'énergie et une plus grande expansion du jet avec des vitesses d'écoulement élevées. La figure **1.6** présente la variation en fonction de la température de l'enthalpie massique des gaz purs Ar et N_2 et de leur mélanges Ar-N_2 à pression atmosphérique.

Remarquons ici qu'au fur et à mesure que le pourcentage d'azote augmente, il y a une forte augmentation (presque linéaire en fonction du pourcentage d'addition d'azote) de l'enthalpie massique du mélange Ar-N_2. Cette croissance est remarquée au voisinage des pics de dissociations lesquels vers 7500K et vers les 20kK. Cependant, au-delà de 10000 K, une forte variation de l'enthalpie massique d'un plasma (passage de Ar-N_2 à N_2 par exemple) entraîne accroissement de la vitesse de l'écoulement et non pas un accroissement de la température du jet du fait de la forte variation d'enthalpie avec un faible accroissement de température.

L'ajout d'azote à l'argon n'a pas d'effet important sur la viscosité du mélange. La viscosité du mélange Ar-H_2 est très peu différente de celle de l'argon pur pour des proportion de H_2 allant jusqu'à 50%. Dès que le taux d'argon est moins de 25%, la viscosité du mélange baisse nettement comme le montre la figure **1.7.** Un couple Ar-H2 améliore, donc, l'entraînnement suite à l'argon lourd et augmente la vitsse du jet de plasma aux hautes températures.

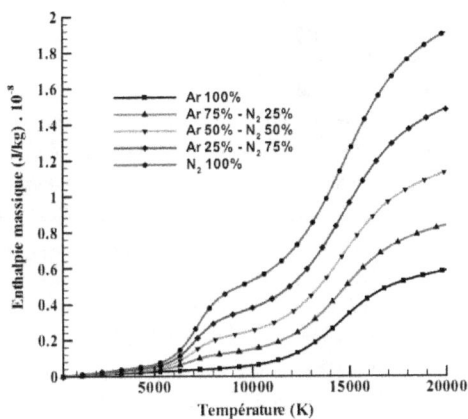

Figure 1.6: Enthalpies massiques des gaz purs Ar, N_2 et de mélanges Ar-N_2 à différentes proportions à pression atmosphérique, (le pourcentage est en fraction molaire).

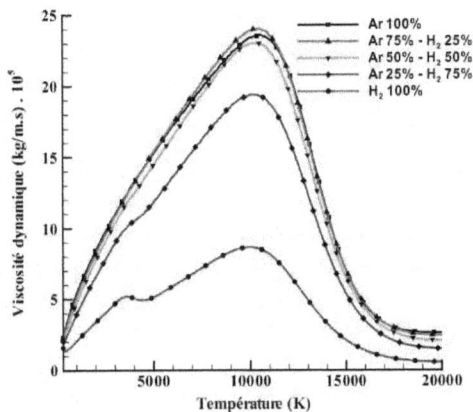

Figure 1.7: Viscosités dynamiques des gaz purs Ar, H_2 et de mélanges Ar-H_2 à différentes proportions à pression atmosphérique, (le pourcentage est en fraction molaire).

1.3.3 Plasma d'agon et mélange optimal

Le gaz plasmagène le plus utilisé en projection plasma est l'argon. L'argon présente des meilleures propriétés thermophysiques, il a l'avantage d'être inerte [9], il présente de faibles températures d'ionisation donc faibles enthalpies d'utilisation de la torche. Sa conductivité thermique est médiocre, en conséquence les pertes par refroidissements sont moins importantes, c'est pour cela que l'argon est utilisé pour l'amorçage de l'arc. Les torches plasma sont plus stables (peu d'érosion) avec l'argon. En raison de sa densité, l'argon a la propriété d'être lourd (comme indiqué ci-haut) ce qui permet un bon transport des particules en vol. Mieux encore, il est à noter que le temps de séjour des particules dans une torche à plasma d'arc classique à courant continu est de l'ordre de 0.5 à 1 ms; et pour une torche à induction où la vitesse de l'écoulement est 20 à 30 fois plus faible, le temps de séjour est de l'ordre de 5 à 25 ms ; ce qui explique la possibilité de faire fondre des particules beaucoup plus grosses qu'en plasma d'arc en utilisant un gaz de faible conductivité thermique comme l'argon. Il est à noter ici que la projection plasma existe en deux mode, celui dit plasma D.C (Direct Current) qui nous intérresse en ce qui suit et le plasma inductif R.F (Radio Frequency) qui diffèrent du premier juste en vitesses d'écoulement ($< 50\mathrm{m/s}$) et en température du gaz ($\sim 8000\mathrm{K}$). Le lecteur peut se reférer aux travaux de Dresvin et Mikhailov [10] sur la projection de particules d'alumine et d'oxydes de magnésium de diamètre compris entre 300 et 800 μm.

Ces caractéristiques thermophysiques de l'argon font de lui le gaz primaire en projection plasma. L'amélioration du plasma d'argon peut se servir d'autres gaz tels que l'hydrogène, qui à son tour, est considéré comme un gaz secondaire idéal pour augmenter l'enthalpie et la conductivité thermique du plasma sans trop modifier sa température.

Les enthalpies de l'hélium et de l'hydrogène sont fortement supérieures a celle de l'argon. Cependant, au delà de 10000K la viscosité du mélange ternaire Ar-H_2-He devient nettement supérieure a celle du mélange Ar-H_2. Ceci, d'après Fauchais et al.[11], diminue l'entrainement de l'air ambiant par le jet de plasma et allonge le jet de plasma; de plus, le coeur du jet de plasma pour le mélange Ar-H_2-He reste laminaire plus longtemps que pour le mélange Ar-H_2. L'air est entraînée plus loin de la sortie de le torche (tuyère) d'environ 30mm (au lieu de 10mm pour un plasma de mélange binaire Ar-H_2), ce qui permet un meilleur échange thermique avec les particules en vol dans cette zone.

Pour le mélange Ar-H_2-He, c'est principalement l'augmentation du taux d'hydrogène qui augmente l'enthalpie massique. Ce mélange ternaire est considéré comme mélange optimal en projection plasma; les pourcentages des différents constituant dépendent, essentiellement, de l'application visée (ainsi le mélange commercialisé sous le nom de SPRAL22 par Air-Liquide).

1.3.4 Fonctionnement de la torche

Dans le procédé de projection plasma, les torches conventionnelles employées sont constituées de l'ensemble concentrique d'une cathode et une anode - tuyère. L'espace entre l'anode et la cathode permet la circulation du gaz plasmagène. L'injection du gaz dans la tuyère peut être radiale, axiale ou en vortex (à caractère tourbillonnaire). La tuyère (anode) est munie de conduites de refroidissement à eau. Nous distinguons deux familles de torches (figure **1.8**) :

• Torche à arc transféré: l'arc jaillit entre une électrode interne et un corps conducteur, généralement le substrat ;

• Torche à arc soufflé: l'arc jaillit entre deux électrodes, une cathode et une anode-tuyère, c'est celle que nous décrivons par la suite.

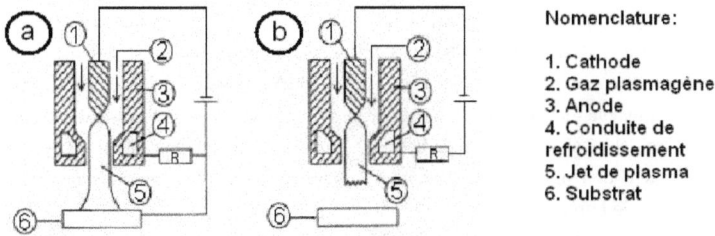

Nomenclature:

1. Cathode
2. Gaz plasmagène
3. Anode
4. Conduite de refroidissement
5. Jet de plasma
6. Substrat

Figure 1.8: Schéma de la torche plasma (a) à arc transféré (b) à arc soufflé (d'après [**12**])

Le désign de la torche plasma a connu un développement continu pour des fins de stabilisation et meilleur développement du jet de plasma ou encore pour des fins écomoniques liés à l'utilisation de la torche elle même. Dans le contexte du développement du jet de plasma, la buse de sortie a pris plusieurs formes telles que cylindrique et divergente à différents angles. Chang et al. [**13**] ont montré par une étude numérique qu'il est possible d'obtenir divers régimes et propriétées du jet par juste un contrôle de la géométrie de la buse de la torche. Leurs résultats prouvent qu'en changeant l'angle et la longueur de la buse l'écoulement peut être subsonic ou supersonic pour des nombres de Mach allant de 0.1 à 5, et que le jet de plasma peut être produit dans les étendues de pressions entre $10\text{-}10^5$Pa, de températures entre 1000-16000K et des densités d'éléctrons comprises entre $10^{20}\text{-}10^{24}\text{m}^{-3}$.

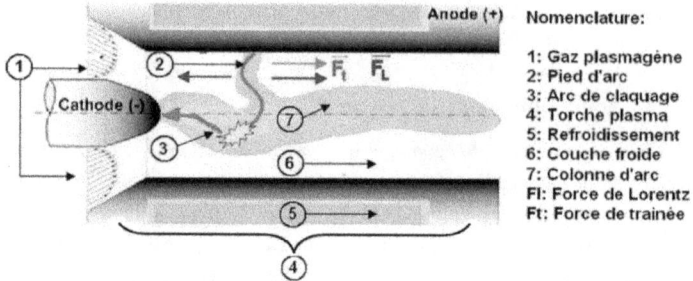

Figure 1.9: Formation et dynamique de l'arc et de l'écoulement du jet dans une torche à courant continu.

Les tuyères des torches plasma s'usent en raison du flux thermique en zone anodique et le phénomène de décrochage-accrochage de l'arc crée une zone grattée au niveau de la tuyère, ce qui limite la durée de vie de la tuyère. Cette durée de vie est en fait soumise à des paramètres tels que l'efficacité du refroidissement, la réaction du gaz plasmagène avec la tuyère, la tension (6 V à 10 kV) et l'intensité utilisée qui provoque l'échauffement de la tuyère. D'autre paramètres tels que la nature du mélange de gaz, les débits et le diamètre de la buse influencent directement la nature et le régime d'écoulement (subsonique/supersonique, laminaire/turbulent) et par conséquence la stabilité de l'arc.

Dans ce contexte, Ping et al. [14] ont effectué une étude tridimensionnelle du comportement, sous les effets de l'intensité du courant et le débit du gaz, du jet plasma dès la zone de l'arc jusqu'à la zone de développement du jet. Un maillage fin a été adopté au niveau de la zone de l'arc et l'axe central du jet pour tenir compte des forts gradients. Leurs résultats montrent qu'une augmentation du débit du gaz à courant constant, déplace le pied d'arc plus en aval et entraîne l'augmentation de l'enthalpie et la vitesse à la sortie de la torche et des effets de mélange plus forte dans la région du jet. Une augmentation du courant d'arc avec un flux de gaz constant réduit la longuer l'arc, mais augmente l'enthalpie et la vitesse à la sortie de la buse de la torche, et conduit à des jets plus longs.

1.3.5 Formation de l'arc éléctrique

Dans une torche plasma à arc soufflé, l'arc électrique éclate entre la pointe d'une cathode conique et la paroi d'une anode en cuivre, concentrique à la cathode entre lesquelles circule le gaz plasmagène. Une partie du gaz plasmagène injectée dans la tuyère est fortement échauffée par effet joule; elle est partiellement ionisée et forme un volume de plasma appelé colonne d'arc. Dans cette colonne, le courant électrique circule entre la pointe de la cathode et un point de l'anode appelé pied d'arc. Autour de la colonne d'arc, une couche limite chaude de température supérieure à 6000K se développe en même temps qu'une partie du gaz plasmagène s'écoulant le long de l'anode forme une couche limite froide (figure **1.9**). Cette dernière gaine refroidit la colonne d'arc et assure en grande partie sa stabilité. Son épaisseur est conditionnée par le débit et la nature du gaz, son mode d'injection, l'intensité du courant d'arc et la géométrie de la chambre d'arc. Le flux thermique transféré à la paroi de l'anode au point d'accrochage du pied d'arc peut être supérieur à 100 W/m^2 [**15**].

La colonne de plasma assure la continuité avec l'anode et est caractérisée par de hautes températures pouvant dépasser la température d'ionisation (T>8000K) et une très faible densité massique ($\simeq$ 1/30 celle du gaz froid). La colonne de connexion est soumise à des forces dynamiques liées à l'écoulement gazeux (force de trainée due aux hautes vitesses) et aux forces électromagnétiques de Laplace (souvent dites de Lorentz) dues à l'interaction entre le courant d'arc et son champ magnétique. Le fonctionnement de l'arc est lié principalement à l'épaisseur de la couche limite froide qui gaine la paroi anodique interne et dont le réchauffement progressif introduit une instabilité croissante de la colonne d'arc. Le déplacement du pied d'arc est cherché pour diminuer l'usure de la tuyère et ainsi augmenter la durée de vie de la torche. Les travaux menés par Wutzke et al. [**16**] ont montré que le comportement de l'arc existe en trois modes:

▷ le mode stable correspond à une colonne d'arc stationnaire, une tache anodique fixe et une tension constante avec le temps. Cependant, ce mode est fatal en quelques minutes pour la tuyère;

▷ le mode oscillant se traduisant par des oscillations presque sinusoïdales de la tension d'arc. Ce mode correspond à un accrochage (takeover) où un pied d'arc naît pendant que l'autre s'éteint progressivement. Il est essentiellement observé avec des gaz plasmagènes monoatomiques tels que l'argon ou Ar-He;

▷ le mode fluctuant ou de réamorçage (restrike) est caractérisé par un mouvement du point d'attachement de l'arc sur l'anode. La longueur de l'arc augmente jusqu'à ce qu'un court-circuit apparaisse et l'arc se réamorce en un autre point. Ce mode a été étudié au laboratoire SPCTS et a été observé pour des *mélanges* de gaz plasmagènes contenant des gaz diatomiques (exemple H2).

Des modes intermédiaires entre oscillant et fluctuant ont été mis en évidence par utilisation de mélanges ternaires ou en faisant varier l'épaisseur de la couche limite froide entourant la colonne d'arc.

1.3.6 Développement du jet de plasma

Le jet de plasma est formé dans la chambre d'arc et se développe hors de la tuyère à des températures allant de 8000K à 20000K. En sortie de tuyère, le plasma formé est chaud et peu dense. Les vitesses peuvent atteindre les 2000 m/s. Le plasma décharge dans le gaz environnant froid et au repos, dont la densité est environ 50 fois plus élevée. La différence de vitesse et de densité de ces deux gaz engendre des cisaillements entre les deux milieux gazeux, ce qui est à l'origine de tourbillons d'instabilité en périphérie du plasma (anneaux de vortex). L'écoulement du plasma passe d'un régime laminaire à un régime turbulent [17]. Comme le montre la figure 1.10, les petites échelles tourbillonnaires coalescent en aval du plasma et favorisent la création de tourbillon de grandes tailles entre lesquelles s'engouffre le gaz froid environnant (air, argon, azote, ...) sous forme de bulles (zone de transition). Ces bulles, progressivement échauffées par le plasma, se brisent dans le jet en structures de plus en plus petites et augmentent le caractère turbulent au sein de l'écoulement. Le processus d'entraînement et de mélange du gaz ambiant dépend des caractéristiques du plasma et en particulier, de son débit massique, de sa vitesse et de sa température. Le mélange des deux gaz froid et chaud est empêché par la différence de vitesse et de densité ainsi que de viscosité. Le jet de plasma s'écoule, donc, autours de ces engouffrements qui se comportent comme des obstacles (se déplaçant à vitesses inférieure à celle du jet); ajoutons le manque de chauffage pour ces dernières, les gradients de vitesse et de température augmentent dans le jet de plasma. Les poches de gaz froid diffusent vers le cœur du plasma grâce à leur chauffage graduel par le plasma. Le plasma devient alors fortement turbulent (zone turbulente).

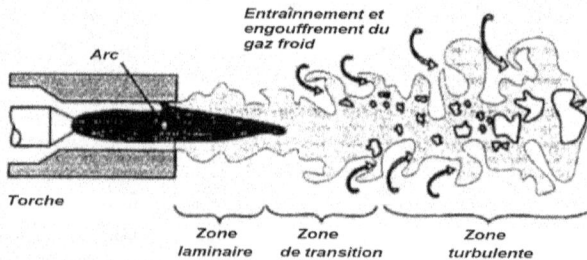

Figure 1.10: Représentation schématique du phénomène d'entraînement du gaz ambiant froid dans l'écoulement plasma.

Attirons l'attention du lecteur ici que dans le dard (zone laminaire du jet de plasma à T > 8000K), le jet est laminaire dans son ensemble mais il est tubulent entre ces franges en raison des hauts gradients de vitesse et de températures ((10m/s)/mm et 200K/mm).

Plusieurs travaux ont été menés pour étudier le comportement du jet de plasma avec le gaz environnant. B. Pateyron [18] a montré que les effets de la turbulence et l'augmentation de intensité de courant conduisent à un pompage important du gaz environnant. Dilawari et al. [4] a adopté le code 2/E/FIX[1] pour résoudre les équations de quantité de mouvement, d'enthalpie et de concentration pour des plasmas d'argon et d'azote immergés aussi bien dans le même gaz que dans l'air ambiant. Le maillage de calcul utilisé est non uniformément distribué, avec un resserrement très élevé au voisinage du dard, où les variations de toutes les variables sont supposées être les plus élevées. Les profils de vitesse et d'enthalpie à la sortie de la torche sont supposés plats ou paraboliques. Les résultats obtenus pour les distributions de température et la vitesse axiale corroborent bien les résultats expérimentaux et montrent que le dard d'un jet de plasma à profils d'entrée pris plats est plus long que celui pris avec un profil d'entrée parabolique. Ce dernier est beaucoup plus atténué en aval du jet, et par suite la vitesse et la température sont diminuées. Le même comportement est observé lorsque le jet de plasma est immergé dans l'air. De plus, un jet immergé dans le même gaz est plus long qu'un jet immergé dans l'air ambiant.

Nous notons ici, que les profils couramment employés à la sortie de la torche sont de la fomre:

$$\frac{\phi(r) - \phi_m}{\phi_c - \phi_m} = \left[1 - \left(\frac{r}{R}\right)^{n_\phi}\right] \qquad (1.3)$$

Où r est la distance radiale à l'axe de la torche, R le rayon à la sortie de la torche, $\phi(r)$ est la variable (vitesse, enthalpie, concentration) à la distance r, ϕ_c est la valeur de la variable au centre de la sortie de la torche et ϕ_m sa valeur au mur (face froide de la tuyère). Le paramètres n_ϕ est contraint par le flux de la variable ϕ, Ce flux est choisi de sorte à correspondre au débit connu du gaz plasmagène à froid dans la torche et la puissance nette de la flamme aussi près que possible. Certains auteurs prennent le paramètre n_ϕ infini ce qui impose des profils plats à la sortie de la tuyère.

1.3.7 Injection de particules

L'injection des particules est de grande importance en projection plasma. Un injecteur, dont le diamètre varie de 1,6 mm à 2 mm, placé en aval du pied d'arc assure

---

[1]W. M. Pun and D. B. Spalding, Rep. No. HTS/76/2, Heat Transfer Section, Imperial College, London (1976).

l'injection par un gaz porteur de la poudre dans le jet de plasma. L'injection peut être intérieure ou extérieure à l'anode. Le débit du gaz porteur doit être adapté à l'écoulement plasma afin de permettre la pénétration des poudres dans le dard du jet de plasma (plus chaud et plus visqueux). Ce débit est fonction des caractéristiques de la poudre en masse volumique, granulométrie, forme et morphologie, de celles de l'écoulement en composition, débit masse, enthalpie et vitesse et de celles de l'injecteur en diamètre, position, incidence.

Les collisions des particules à l'intérieur du système d'alimentation et particulièrement avec les parois entraînent des trajectoires divergentes en sortie d'injecteur (figure **1.3**). Ce qui a pour conséquence la dispersion des trajectoires de particules. L'injection de particules fines ($< 20\ \mu$m) et peu denses comme alumine atomisée nécessite un débit de gaz élevé, ce qui peut perturber l'écoulement, en particulier dans le cas d'une injection interne. Les études faites par Dussoubs [19] montrent que la déviation du jet de plasma par rapport à l'axe de la torche (pour un mélange Ar-H_2, 45-15 Nl/min, 450A, torche de 7mm) varie de 2° à 6° pour une injection interne, et de 0° à 1,5° pour une injection externe lorsque le débit de gaz porteur passe de 2 à 6 Nl/min.

Ben Ettouil [20] a effectué une étude sur les effects des paramètres de dispersion à la sortie de l'injecteur (masse, vitesse, angle). L'auteur a développé un modèle de transport de poudre dans l'injecteur considéré à paroi lisse. Le modèle de sphères rigides considère les collisions élastiques particule-parois et les collisions interparticulaires. Les résultats de ce modèle montre l'effet des paramètres de dispersion sur les trajectoires de particules et leurs histoires thermiques. Ce modèle présente un degré de contrôle par voie numérique de la formation du dépôt comme le résume la figure **1.11**.

1.3.8 Intéraction plasma-particules

Les phénomènes de transferts plasma-particules en vol sont considérés très complexes dès l'injection de particules. De faibles vitesses ne permettent pas la pénétration des particules dans le jet plasma et les particules injectées rebondisemnt sur les couches très chaudes et visqueses du plasma. De même, des vitesses élevées entrainent un grand chargement sur le jet ce qui provoque sa déformation et par suite il peut altérer la qualité du dépôt. Les particules injectées doivent avoir une densité de quantité de mouvement de l'ordre de celle du plasma afin de pouvoir atteindre le cœur du plasma.

Par ailleurs, la complexité résulte des gammes étendues de vitesses (50 m/s à 500 m/s), de tailles (5μm à 140μm) et de températures de particules (1200 K à 4500 K), l'émission radiative volumétrique du plasma, qui est très élevé dans son cœur (10^8-10^9W/m^3), et est considérablement accrue dès que les particules s'évaporent [21].

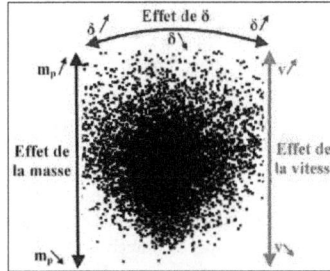

Figure 1.11: Effet des paramètres de dispersion sur la formation du dépôt: taille et forme du nuage d'impact des gouttelettes (d'après [20]).

Ainsi, la compréhension des interactions plasma-particules est une question clé pour le contrôle du processus de projection, sa fiabilité et sa reproductibilité [22].

Les transferts plasma particules sont liés directement au temps de séjour des particules dans le plasma, lequel est lié à la vitesse de la particule qui à son tour caractérise sa trajectoire et son histoire thermique. Le long de la trajectoire de la particule dans le jet, de nombreux phénomènes sont susceptibles de se produire: fusion partielle/complète, évaporation partielle ou complète, collisions interarticulaires, oxydation, réaction chimique de la partie évaporée de la particule avec le plasma dans le milieu voisin de la particule, solidification après fusion,... Ces phénomènes qui sont couplés font des échanges plasma-particules un problème difficile à résoudre. Ainsi lors de l'évaporation, il y a correction de masse de particule dans l'équation de quantité de mouvement, ce qui perturbe la trajectoire et par suite l'histoire thermique.

Une des hypothèses les plus employées est l'équilibre thermodynamique local (ETL), qu'il est utile de le différencier de l'équilibre thermodynamique global (ETG). L'équilibre thermodynamique global signifie que ces paramètres intensifs sont homogènes dans tout le système, tandis que l'équilibre thermodynamique local signifie que ces paramètres peuvent varier dans l'espace et le temps, mais que cette variation est tellement lente (par rapport aux réactions chimiques) en tout point, pour que l'on suppose qu'il existe un voisinage en équilibre autour de ce point. D'après Al-Mamun [23], quand le plasma prend suffisamment de temps pour équilibrer que pour diffuser, et que le temps caractéristique pour la réaction chimique la plus lente est faible comparé au temps d'écoulement et de diffusion de plasma, on peut considérer que le plasma est en équilibre thermodynamique local (ETL). L'hypothèse de l'ETL est le plus souvent employée dans la modélisation du procédé de projection par plasma thermique et sa formulation retenue est: une seule température (pour toutes les espèces constituant

	Plasmas en ETL	Plasmas hors ETL
Nom courant	Plasmas thermiques	Plasmas froids
Propriétés	$T_e = T_l$ Densité d'électrons élevée (10^{21}-10^{26}m^{-3}) Les collisions non-élastiques entre les électrons et les espèces lourdes créent les espèces réactives de plasma tandis que les collisions élastique chauffent les espèces lourdes (l'énergie des électrons est ainsi consommée)	$T_e \gg T_l$ Densité d'électrons faible ($<10^{19}$m^{-3}) Les collisions non-élastiques entre électrons et les espèces lourdes induisent la chimie de plasma. Les espèces lourdes sont légèrement chauffées par les quelques collisions élastiques (c'est pourquoi l'énergie d'électrons demeure très élevée)
Examples	Arc plasma(dard) $T_e = T_l \approx$ 10 000K	Décharges luminescentes $T_e \approx$ 10 000-100 000K $T_l \approx$ 300–1000 K

Tableau 1.3: Caractéristiques principales de plasma en / hors ETL (d'après [24]).

le plasma) suffit pour décrire localement la température du gaz. Cependant cette hypothèse est criticable dans les zones où les gradients de température sont élevés, entre les franges du jet par exemple.

La distinction entre l'ETL et le non-ETL est résumé dans le tableau **1.3**. L'auteur [**24**] montre, aussi, que les plasmas de basse pression (10^{-4}-10^{-2} kPa) sont hors ETL. La température des espèces lourdes est inférieure à celles des électrons. Les collisions non élastiques entre les électrons et les espèces lourdes sont excitantes ou ionisantes [2]. Ces collisions augmentent la température des espèces lourdes. Quand la pression devient plus élevée, les collisions s'intensifient, elles induisent la chimie du plasma, par des collisions non élastiques, et le chauffage des espèces lourdes par les collisions élastiques. La différence entre T_e et T_l diminue et l'état du plasma devient proche de l'ETL.

Nous remarquons ainsi que le plasma en ETL suppose que les transitions et les réactions chimiques sont régies par les collisions et non par le rayonnement puisque les

---

[2]Les électrons en raison de leurs mobilités élevées, prennent l'énergie du champ électrique (arc) et la transfèrent partiellement aux espèces lourds par des collisions. En raison de ce flux d'énergie continu provenant des électrons aux espèces lourdes, il doit y avoir un "gradient de température" entre ces deux espèces, $T_e > T_l$, en supposant que les ions et les neutrons du gaz ont la même température [**21**].

radiations excitent les états électroniques et que les collisions redistribuent l'énergie, ainsi l'ETL impose que des gradients locaux des propriétés du plasma, température, densité, conductivité thermique,... soient suffisamment faibles pour que les espèces lourdes dans le plasma atteignent l'équilibre: le temps caractéristique de diffusion doit être équivalent ou plus élevé que le temps caractéristique nécessaire pour que les espèces atteignent l'équilibre.

Lors de la synthèse de poudres par plasma, les particules sont obtenues selon des formes et dimensions dispersées. Nous considérons des particules sphériques, solides et nous ne considèrerons pas les collisions inter-particulaires dans le jet plasma. Les équations de transferts dynamique et thermique pour une particule isolée en vol dans le jet plasma sont décrites comme suit:

• **Transfert de la quantité de mouvement**

L'équation du mouvement d'une particule injectée dans un plasma est régie par un équilibre de forces [**25-26-27-28**] pouvant s'écrire comme suit:

$$\overrightarrow{F} = m_p \, \overrightarrow{a}_p = \overrightarrow{F}_D + \overrightarrow{F}_B + \overrightarrow{F}_{ma} + \overrightarrow{F}_{th} + \overrightarrow{F}_e + \overrightarrow{F}_r + \overrightarrow{F}_p \qquad (1.4)$$

Où $\overrightarrow{F}$ est la force d'inertie donnée par:

$$\overrightarrow{F} = m_p \frac{d \, \overrightarrow{v_p}}{dt_p} \qquad (1.5)$$

$\overrightarrow{F}_D$ est la force de traînée, elle est modifiée lors du vol par l'évaporation de la particule et par les effets de non continuité se produisant aux couches limites particule-plasma. Ce terme est le plus prépondérant dans l'équation du mouvement, il est exprimé par:

$$\overrightarrow{F}_D = m_p G \left(\overrightarrow{v} - \overrightarrow{v_p} \right) \qquad (1.6)$$

L'indice p désigne "particule", $G = \frac{3}{8} C_D \frac{\rho}{\rho_p} \frac{1}{r_p} |\overrightarrow{v} - \overrightarrow{v_p}| \;\; (s^{-1})$ avec $C_D = f(Re)$ et $\overrightarrow{v}$ est la vitesse du jet plasma.

$\overrightarrow{F}_B$ est la force d'histoire de Basset traduisant les effets transitoires (comme le sillage), ce terme est de deuxième ordre de grandeurs ($\sim 10\% \; ||\overrightarrow{F}_D||$ au plus) comme le montre la figure **1.12** et est exprimé par:

$$\overrightarrow{F}_B = 6r_p^2 \sqrt{\pi \rho \mu} \int_{t_{p0}}^{t_p} \frac{(d/d\tau_p) \left(\overrightarrow{v} - \overrightarrow{v_p} \right)}{\sqrt{t_p - \tau}} d\tau \qquad (1.7)$$

Cependant le rapprt F_B/F_D peut atteindre 30 pendant les quelques mico-secondes du choc inter-particules pour les particules de densités $\rho < 1Kg/m^3$ et $r_p < 5\mu m$ [**28**].

$\overrightarrow{F}_{ma}$ est la force de masse ajoutée traduisant l'accélération du volume de fluide entourant la particule dûe au mouvement de la particule, elle est donnée par:

$$\overrightarrow{F}_{ma} = \frac{1}{2}\frac{4\pi}{3}r_p^3\rho\frac{d}{dt_p}\left(\overrightarrow{v} - \overrightarrow{v_p}\right) \tag{1.8}$$

$\overrightarrow{F}_{th}$ est la force de thermophorèse (ou de thrmophore) liée aux gradients de température dans l'espace voisin de la température qui y engendre des gradients de concentration, elle est donnée par:

$$\overrightarrow{F}_{th} = 12\pi\mu r_p\frac{\Lambda}{T}\overrightarrow{v}.\overrightarrow{\nabla T} \tag{1.9}$$

Où $\Lambda = C_s/\left[(1 + 6C_m\lambda/2r_p)(1 + 2\kappa/\kappa_p + 4C_t\lambda/2r_p)\right]$, λ est le libre parcours moyen des molécules fluides, C_s est le coéfficient de glissement thermique et C_t est la distance de saut pour les conditions limites de vitesse. D'après Talbot [29]: $C_s = 1.17, C_t = 2.18, C_m = 1.14.$

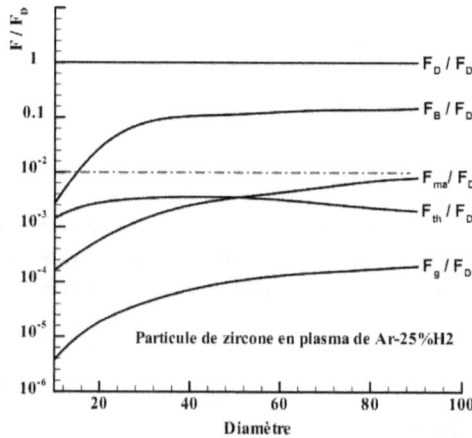

Figure 1.12: Ordre de grandeurs des différentes forces pour une particule de zircone en plasma d'Ar-25%H2 de température 5000 K et pour une vitesse relative plasma particule de 500 m/s (d'après [19])

$\overrightarrow{F}_e$ est la force externe dûe à la gravité ou champs éléctriques ou magnétiques, elle est exprimée dans le cas de la gravité par:

$$\overrightarrow{F}_g = \frac{4\pi}{3}r_p^3(\rho_p - \rho)\overrightarrow{g} \tag{1.10}$$

$\overrightarrow{F}_r$ est un terme lié à la rotation de la particule dûe au mouvement relatif plasma-particule (gradients de vitesses), il est exprimé par:

$$\overrightarrow{F}_r = \pi r_p^3 \rho w_p \left(\overrightarrow{v} - \overrightarrow{v_p} \right) \tag{1.11}$$

$\overrightarrow{F}_p$ est un terme lié aux gradients de pression et est exprimé par:

$$\overrightarrow{F_p} = \frac{4\pi}{3} r_p^3 \overrightarrow{\nabla}_r p \tag{1.12}$$

D'après les résultats schématisés sur la figure **1.12**, nous remarquons que les rapports des toutes les forces, exceptée celle de Basset, à la force de traînée sont moins de 1% laquelle hypothèse retenue dans les applications industrielles et les sciences de l'ingénieur. La force de Basset est moins de 10% celle de traînée et elle présente une expression intégrodifférentielle très complexe à évaluer. En général, c'est uniquement la force de traînée qui est prise en compte lors d'un traitement de particules. La variation de température dans les couches limites des particules entraînent des variations des propriétés du gaz environnant. Des coéfficients correctifs sont introduits pour le coéfficient C_D, cette partie sera mieux développée au chapitre 4.

• **Transfert de la quantité de chaleur**

L'étude des échanges thermiques plasma-particules est la phase la plus importante en projection plasma. Des études ont été menées pour voir si les résultats numériques peuvent devier des mesures (concernant le traîtement des particules) vue que ces derniers peuvent être altérés par les fluctuations du jet. Ces fluctuations sont dûes aux phénomènes d'instabilités à temps caractéristiques de différents ordres de grandeurs. L'analyse des temps caractéristiques comme l'illustre la figure **1.13** montre que juste les fluctuations dûes aux insabilités du pied d'arc, qui ont un temps caractéristique inférieur au temps de séjour des particules dans le plasma, en premier lieu qui peuvent influer le traîtement des particules. Les particules de faibles densités, comme l'alumine atomisée, ralentissent dans les zones visqueuses et peuvent avoir un temps de séjour important et donc se trouver aussi influées par les instabillités dans la distibution du courant.

D'une manière générale, les transferts de chaleur et de masse pour une particule dans un plasma sont contraints par divers effets. Ce sont particulièrement l'état instable, les variations des coefficients de transferts dues aux fortes variations des propriétés du plasma, les phénomènes de vaporisation et d'évaporation, les effets de non-continuité du plasma (raréfaction), le rayonnement thermique, la conduction interne au sein de la particule, la forme de particules, le chargement des particules et ses effets qui déforment le jet et le refroidisse.

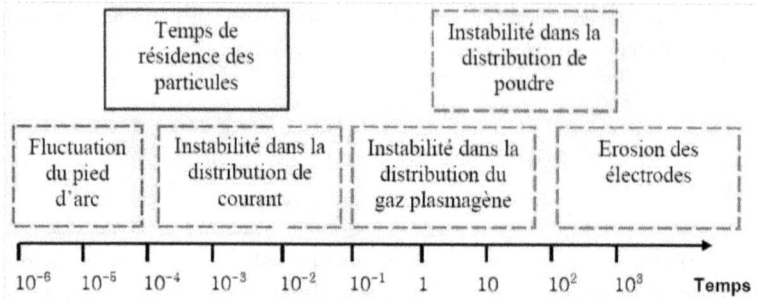

Figure 1.13: Échelles de temps caractéristiques des phénomènes d'instabilité en projection plasma.

Une particule immergée dans un milieu plasma est chauffée progressivement par les courants convectifs dûs a son déplacement relativement au jet de plasma et par conduction à travers une couche limite se développant dans le voisinage immédiat. La densité du flux de chaleur convectif $q(W/m^2)$ obéit à la loi de Newton,

$$q_{conv} = h_\infty (T_\infty - T_s) \qquad (1.13)$$

où $h_\infty (W/m^2/K)$ est le coéfficient de transfert convectif plasma-particules, $T_\infty(K)$ est la température du gaz plasmagène et $T_s(K)$ est la température à la surface de la particule. Le flux de chaleur par conduction thermique provient des bombardements électronique, activité catalytique vis-à-vis des espèces chargées et d'éventuelles réactions chimiques de type oxydation. Enfin l'émission radiative de la particule vers le milieu extérieur est soustraite de la quantité de chaleur reçue. La particule voit un milieu plasma considéré comme optiquement mince. En conséquence le rayonnement reçu par les particules est généralement, négligé ou omis. Cependant, Chen [30] a montré que pour une particule de rayon r_p immergée dans un jet plasma de rayon R, le rapport entre le flux de chaleur radiatif au flux de chaleur conductif s'écrit:

$$\frac{q_{rad}}{q_{cond}} = \varepsilon r_p U (R - r_p)/(J - J_p) \qquad (1.14)$$

Où U est la puissance rayonnée (dépendant de la température) par unité de volume et J est le potentiel de conduction de la chaleur, ε est l'émissivité de la particule et 'p' désigne particule.

Lorsque la particule est de rayon $50 \mu m$ et d'émissivité $\varepsilon = 0.8$, immergée dans un plasma d'argon de rayon $1cm$ ce rapport atteint sont maximum vers 14000K ($\sim 18\%$)

laquelle est considérable, et il est de l'ordre de 5% vers 10500K.

Selon la conductivité thermique du gaz plasmagène, les particules sont soumises à des flux de chaleur plus ou moins importants pouvant atteindre 10^8 W/m^2, ce qui peuvent faciliter l'évaporation de la particule. Cette évaporation modifie le mélange gazeux dans la couche limite et donc les propriétés thermodynamiques et de transport d'une part, et d'autre part tend à écarter la couche limite de l'équilibre thermodynamique. De façon générale cette zone est à un état intermédiaire entre une couche en équilibre et une couche figée. Dans cette dernière les vitesses de réactions chimiques sont faibles devant la diffusion des molécules, le système s'écarte donc de l'équilibre thermodynamique. La majorité des travaux sur ce problème considèrent une couche en équilibre.

Il convient de rappeler que l'énergie absorbée pour l'évaporation des particules est perdue; il convient donc de les faire fondre sous un flux chaleur le plus faible possible. Il convient d' ajouter le changement de phase solide-liquide, liquide-vapeur au bilan énergétique de la particule.

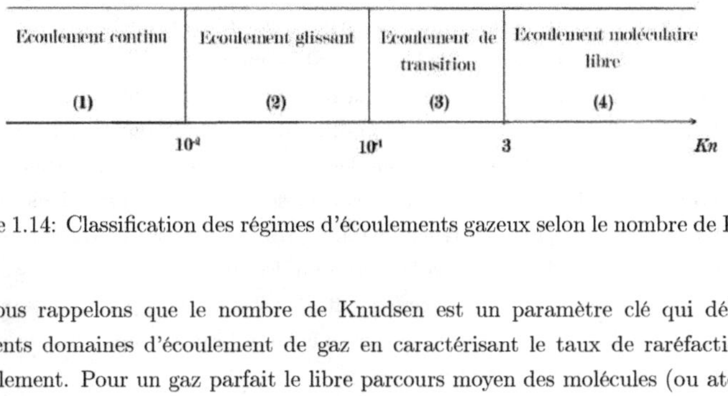

Ecoulement continu	Ecoulement glissant	Ecoulement de transition	Ecoulement moléculaire libre
(1)	(2)	(3)	(4)

$$10^{-4} \qquad\qquad 10^{-1} \qquad\qquad 3 \qquad\qquad Kn$$

Figure 1.14: Classification des régimes d'écoulements gazeux selon le nombre de Knudsen

Nous rappelons que le nombre de Knudsen est un paramètre clé qui délimite différents domaines d'écoulement de gaz en caractérisant le taux de raréfaction de l'écoulement. Pour un gaz parfait le libre parcours moyen des molécules (ou atomes) considérés comme 'sphères rigides' peut s'écrire sous la forme:

$$\lambda = \frac{\mu}{\rho}\sqrt{\frac{\pi}{2R'T}} \tag{1.15}$$

Dès que le nombre de Knudsen (rapport du libre parcours moyen du gaz au diamètre des particules) $Kn = \lambda/d_p > 0.01$, il convient de tenir compte de l'effet Knudsen. Ainsi, à la pression atmosphérique, λ est de l'ordre de quelques micromètres dans le cœur du jet plasma, alors que les particules de diamètres inférieurs à 5μm nous avons 0.1<Kn<1 [22].

Il s'ensuit que le nombre de Knudsen est proportionnel au nombre de Mach et inversement proportionnel au nombre de Reynolds, il s'écrit alors:

$$Kn = \sqrt{\gamma \frac{\pi}{2}} \frac{Ma}{Re} \qquad (1.16)$$

Pour de faibles valeurs du nombre de Knudsen ($\prec 10^{-2}$), l'écoulement est dit continu et satisfait les équations de Navier-Stokes associées aux conditions limites d'adhérence du gaz à la paroi. Le problème de raréfaction "non-continuum effect" apparait pour des valeurs plus grandes du nombre de Knudsen ($10^{-2} < Kn < 1$). Le phénomène de raréfaction prend lieu dans les écoulements de gaz à basses pressions, où le libre parcours moyen des molécules augmente et les écoulements où la dimension caractéristique de l'écoulement est faible (microsystèmes), et dans les deux cas on donne beaucoup d'importance au nombre de Knudsen. La figure **1.14** illustre une classification des quatres types d'écoulements en fonction du nombre de Knudsen (voir § 2.4.1 pour plus de détails).

Chen et al. [**31**] ont montré que l'effet Knudsen réduit considérablement les transferts thermiques plasma-particules même pour des particules de grandes tailles ($> 100\mu m$) et que pour les particules à tailles inférieures à $10\mu m$ cet effet est sensé même à la pression atmosphérique. Fauchais et al. [**32**] ont conclu à travers une revue sur la projection par plasma que l'effet Knudsen intervient également pour les particules de diamètres inférieurs à $40\mu m$ à la pression atmosphérique et que la réduction du transfert de chaleur est de près d'un ordre de grandeur pour les mêmes particules à 6000Pa. Pfender [**33**] a montré que les effets Knudsen sont importants pour des tailles de particules $< 10\mu m$ à la pression atmosphérique et que ces effets sont encore renforcés pour les petites particules et/ou à pression réduite. L'auteur conclue aussi qu'il est nécessaire de procéder à la correction des coéfficients de traînée visqueuse et de transfert de chaleur par convection suite à la variation importante des propriétés de la couche limite plasma-particule. Les différentes formes et approches de correction sont présentées dans le chapitre 4.

La corrélation de Ranz et Marshall [**34**] est communément utilisée pour évaluer le coéfficient de transfert de chaleur:

$$Nu = \frac{h_\infty d_p}{\kappa_\infty} = 2 + 0.6 \ Re^{1/2} Pr^{1/3} \qquad (1.17)$$

Où Pr est le nombre de Prandtl défini par $Pr = \mu C_p / \kappa$.

De nombreuses corrélations ont été proposées pour la correction du coéfficient de transfert de chaleur (pour tenir compte de l'effet Knudsen, des gradients de températures et de l'évaporation créant un nuage de vapeur isolant la particule) dont on peut citer celle de Vardelle et al. [**35**] utilisant des propriétées moyennes intégrées, telle que pour la conductivité thermique:

$$\overline{\kappa} = \frac{1}{T_\infty - T_s} \int_{T_s}^{T_\infty} \kappa(s) ds \qquad (1.18)$$

ce qui suppose redéfinir le coéfficient de transfert h et le nombre de Prandtl Pr par le biais de $\overline{\kappa}$ comme suit:

$$h = \frac{Nu}{d_p} \overline{\kappa} \qquad (1.19)$$

$$Pr = \frac{\mu C_p}{\overline{\kappa}} \qquad (1.20)$$

Le nombre de Biot Bi est le rapport du transfer convectif au transfert conductif. Lorsque le flux thermique reçu (convectif) par la particule est élevé par rapport au flux qu'elle peut absorber (conductif), les phénomènes de conduction se développent au sein du grain. Bi sert en un critère de détermination de l'importance relative du transfert conductif au sein de la particule, il est défini par:

$$Bi = \frac{\overline{\kappa}}{\kappa_p} \qquad (1.21)$$

Lorsque $Bi \ll 1$, la conduction interne est relativement importante et par conséquence la variation de la température dans la particule est négligeable.

Le modèle thermiquement mince est utilisé afin de réduire les temps de calculs et les ressources mémoire. Il suppose uniforme la température au sein de la particule et que $Bi = 0.1$ est la limite du modèle. Cependant il a été montré par Bourdin et al. [36] que $Bi = 0.01$ constitue une limite du modèle thermiquement mince. Audelà de cette valeur, il existe un écart de température entre la surface de la particule et son centre et le transfert conductif doit être pris en compte. L'auteur a propsé une méthode pour le calcul du nombre de Biot en supposant que la conduction est le mécanisme gouvernant le transfert (à petits nombres de Reynolds) des particules dans le plasma. Il a constaté que la différence entre les températures de surface et celle du centre devient inférieure à 5% de la différence entre le plasma et la température de surface de la particule si $Bi < 0.02$.

Lorsque $Bi > 0.01$, l'équation gouvernant les transferts conductifs au sein de la particule sphérique, en tenant compte des pertes radiatives s'écrit:

$$m_p C_p \frac{\partial T_p}{\partial t_p} = \frac{1}{r^2} \frac{\partial}{\partial r} \left(\kappa_p r^2 \frac{\partial T_p}{\partial r} \right) - 4\pi r_p^2 \varepsilon \sigma_s (T_s^4 - T_a^4) \qquad (1.22)$$

Où $\rho(kg/m^3)$ est la masse volumique de la particule, $C_p(J/kg/K)$ sa capacité calorifique, $r(m)$ son rayon, $T_p(K)$ sa température à un rayon r et $T_s(K)$ sa température de surface; ε est l'émissivité de la particule, σ_s (=5.6705110^{-8} W/m^2/K^4) est la constante de Stéphan-Boltzmann et $T_a(K)$ la température ambiante.

- **Transfert de masse, évaporation, vaporisation**

Le transfert de masse en projection plasma est de deux origines. Il peut résulter de la diffusion du gaz ambiannat (comme l'air) dans le plasma, notamment lorsque la projection est effectuée à l'air ambiant avec l'important pompage de l'air, ce qui modifie la concentration du gaz plasmagène et par suite le propriétées thermodynamiques du jets; ou des phénomènes d'évaporation ou vaporisation des particules en vol. En [32], Fauchais et al. ont montré que la concentration du gaz plasmagène le long de l'axe du jet diminue fortement pour un plasma d'Ar-H2 déchargeant dans l'air (voir figure **1.15**). Il s'en suit que les propriétées thermodynamiques du plasma en aval du jet sont plus près de celles de l'air, ce qui modifie les structures dynamique et thermique de l'écoulement relativement à celles d'un jet émergeant en Ar-H2. Les résultats de simulations numériques montrent en totalité qu'un jet déchargeant dans l'air est déformé à son aval, ce qui réduit les intensités des champs calculés.

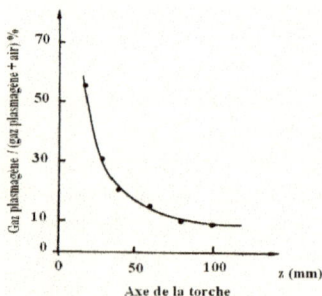

Figure 1.15: Evolution de la concentration du gaz plasma le long de l'axe (plasma Ar-H2 de 29 kW, d'après [32])

L'évaporation apparaît si la surface de la particule atteint la température d'ébullition, ce qui est décrit par le transfert de masse $\dot{m}$ tel que:

$$\dot{m_e} = \frac{q_{net}}{L_e} \qquad (1.23)$$

Où $q_{net}(W)$ est la quantité de chaleur échangée à la particule et $L_e(J/kg)$ est la chaleur latente d'évaporation.

Le phénomène de vaporisation, lui aussi, peut avoir lieu. La vaporisation est définie par le processus de perte de masse à une température inférieure au point d'ébullition. La température de la particule augmente progressivement donc sa pression de vapeur saturante augmente, conduisant à une perte de masse par vaporisation décrite par la relation suivante [37]:

$$\dot{m}_v = \rho h_m S \, \ln \left(\frac{p}{p - p_v} \right) \qquad (1.24)$$

Où $\rho(kg/m^3)$ est la masse volumique de la particule, $h_m(m/s)$ est le coefficient de transfert massique, $S(m^2)$ est l'air de la surface de la particule, $p(Pa)$ est la pression partielle relative à la température de surface de la particule et $p_v(Pa)$ est la pression partielle de vapeur relative à la saturation. Cette dernière est déduite de la loi de Clausius-Clapeyron, sous l'hypothèses que la vapeur se comporte comme un gaz parfait et que l'enthalpie de vaporisation ne varie pas avec la température dans la plage considérée [37]:

$$p_v(T) = p_0 \exp \left(-\frac{M L_v}{R} (\frac{1}{T} - \frac{1}{T_0}) \right) \qquad (1.25)$$

Où $T_0(K)$ est la température d'ébullition de la substance à la pression $p_0(Pa)$, $M(kg/mol)$ est la masse molaire de la substance, $L_v(J/kg)$ est la chaleur latente de vaporisation de la substance.

De façon analogue, le coéfficient de transfert de masse dérive d'une corrélation semblable à celle établie par Ranz et Marshall (équation (1.17)):

$$Sh = \frac{h_m d_p}{\varkappa} = 2 + 0.6 \, Re^{1/2} Sc^{1/3} \qquad (1.26)$$

Où Sh est le nombrede Sherwood, Sc est le nombre de Schmidt et $\varkappa(m^2/s)$ est l'interdiffusivité.

Au chapitre 4, nous allons spécifier les conditions aux limites pour les équations et les relations établies ci-haut.

1.3.9 Comportement à l'impact et formation du dépôt

L'ensemble des paramètres de contrôle (cités ci-haut) du jet de plasma, donne à leur tour, définition à de nouveaux facteurs et nombres. Nous citons le facteur de forme SF (Shape Factor), le facteur d'élongation FE, le nombre de Weber We, le nombre de Sommerfield K, etc..., ainsi définis:

$$SF = \frac{1}{4\pi} \frac{P^2}{S} \qquad (1.27)$$

Où $P(mm)$ est le périmètre de la lamelle et $S(mm^2)$ son aire d'après Bianchi [38]. $SF=1$ lorsque la lamelle a une forme de cylindre parfait et grand devant 1 quand la lamelle est une forme complètement déchiquetée.

$$FE = \frac{\pi}{4S} (dimension \ maximale \ existant \ sur \ la \ lamelle)^2 \qquad (1.28)$$

Ce facteur a été introduit par Vallet [39] lorsque la lamelle est recueillie sur un substrat incliné. $FE > 1$ donc la forme est ellipsoidale et $FE = 1$ donc la forme est circulaire.

$$We = \rho \frac{dv^2}{\sigma} \tag{1.29}$$

Où $\rho(Kg/m^3)$ est la masse volumique de la particule, $d(m)$ son diamètre, $v(m/s)$ sa vitesse et $\sigma(J/m^2)$ sa tension de surface liquide-vapeur.

$$K = \sqrt{We\sqrt{Re}} \tag{1.30}$$

Où Re est le nombre de Reynolds relatif à la particule fondue, défini par

$$Re = \frac{\rho v d}{\mu} \tag{1.31}$$

avec $\mu(Kg/m/s)$ est viscosité dynamique de la particule fondue.

De nombreuses études supposent le nombre de Sommerfeld représentatif du comportement des gouttelettes à l'impact. Les traveaux ménés par Escure et al. [40] sur la projection de particules d'alumines ont montré que l'état de surface du substrat et sa température jouent un rôle déterminant du comportement à l'impact. Ils ont mis en évidence qu'il existe une valeur critique K_c du nombre de Sommerfield au-delà de laquelle, quelque soit la température du substrat, le phénomène d'éjection de matière (splashing) est systématiquement observé. Cette valeur critique a été limité dans $30 < Kc < 60$, ce qui est à comparer au comportement d'une gouttelette d'eau où $K_c = 58$. D'une façon génarale, l'éclaboussement ou « splashing » est un parmi plus d'une trentaine de modes d'impact dépendant du nombre de Sommerfield, ces modes sont illustrés dans la figure **1.16** dont les plus décrits sont: le dépôt (mode1: étalement de la particule fondue/plastifiée), le rebond (modes 17-18: rebon partiel/total de la particule) et le splashing (modes 5-6-14: éjection/éparpillement de la gouttelette).

Un phénomène très important qui peut avoir lieu en projection plasma, est l'oxidation des particules en vol. L'oxidation est importante lorsque la projection est effectuée à l'air libre et s'intensifie lorsque la température des particules T_p dépasse la température de fusion et est favorisée par les mouvements convectifs dans les gouttelettes fondues. Lorsque le jet plasma entraîne l'atmosphère ambiannate (air) surtout à hautes vitesses et à des températures $T > 6000K$ (dans les franges), le dioxygène O_2 provenant de l'air est dissocié ($T_d \sim 3800$ à 10^5Pa), et réagit avec les gouttelettes fondues, il leur diminue en particulier la ductilité et -entre autre- refroidie rapidement le jet de plasma. Cependant, l'oxidation des gouttelettes leur confère une dureté élevée et une bonne mouillabilté ce qui améliore le phénomène d'étallement. L'effet de l'oxidation s'étend jusqu'à la formation du dépôt. Le dépôt et le substrat sont chauffés par les gaz chauds du jet plasma et sont oxidés particulièrement entre les passes successives de projection, ce qui peut diminuer l'adhérence/cohésion des couches et rendre difficile les phénomènes de diffusion.

1.4 Projection plasma en CFD

La simulation des jets de plasma a connu plusieurs modèles. Ces modèles diffèrent varier avec dans la configuration retenue entre 2-D cartésien ou cylindrique (axisymmetrique) et 3-D cartésien ou cylindrique (sans prise en compte de l'axisymmtrie), et avec le régime d'écoulement considéré: le jet plasma peut être laminaire ou turbulent. Dans ce dernier cas le modèle de turbulence $K - \varepsilon$ est le plus souvent employé. La résolution des équations de conservation est effectuée selon des approches stationnaires ou transitoires. L'efficacité des résultats de traitement de particules, évidemment, est le siège du degrès de prise en compte des phénomènes se produisant aux voisinages des particules et du degrès de représentativité de la réalité du jet de plasma pour les approches 2-D et 3-D emplyées. Aux paragraphes suivants, nous allons effectuer une revue de la littérature sur les différents travaux dans la simulation et modélisation de jets plasma et le traitement de particules en vol.

1.4.1 Modèles 2-D stationnaires

Qunbo et al . [41] ont effectué une étude numérique et expérimentale de l'intéraction de particules avec le jet de plasma. Leurs simulations numériques sont effectuées à l'aide du code commercial FLUENT. Le domaine de calcul a été choisi $80x80mm^2$ subdivisé en une grille non uniforme raffinée au voisinage de l'axe de symétrie pour tenir compte des forts gradients. La poudre utilisée est à base de zircone yttriée (yttria-stabilized zirconia (YSZ)) et de Nickel (Ni). Les auteurs ont montré que les trajectoires des particule sont conditionnées par leurs diamètres et leurs densités. Les particules de même densité injectées séparément pénètrent davantage dans la direction radiale lorsque la taille augmente. Cependant, pour les particules de différents matériaux injectées simultanément, celles de densité élevée pénètrent radialement le plus. Il a été conclu, aussi, que les particules de plus grands diamètres gardent les vitesses les plus lentes; mais qu'il n'y a pas de relation entre la température et le diamètre de la particule, puisque la température de particules est conditionnée non seulement par le diamètre, mais également par les températures des zones traversées par elle.

Ben Ettouil et al. [42,43] ont effectué un algorithme rapide de traitement de poudres en projection par plasma d'arc déchargeant en air libre. La poudre utilisée

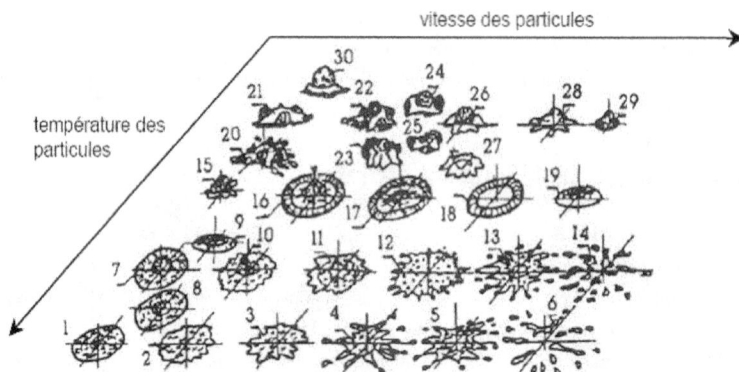

Figure 1.16: Morphologie de l'impact sous les effets de vitesse et température des particules d'alumine projetées par plasma (d'après [7]).

est à base de fer et de zicrone aggloméré développé au laboratoire SPCTS destiné à la production de dépôts nanostructurés. Les propriété du jet de plasma ont été calculées par le code Jets&Poudres [**44**]. Nous mentionnons ici que le code Jets&Poudres est construit sur la base du code GENMIX (GENeral MIXing) [**45**], il permet la simulation d'écoulement parabolliques bi-dimensionnels turbulent libres sans recirculations et pour de hauts nombres de Reynolds ($Re > 20$) et de hauts nombres de Peclet ($Pe > 50$). Le code permet de préserver le temps de calcul de façon extraordinaire (quelques secondes sur un PC sous XP pour la simulation du jet de plasma ou le changement de phase d'une particule en projection), tout en donnant des résultats en très bon accord avec les résultats de codes plus sophistiqués sous les mêmes conditions de modélisation et à condition que le débit massique du gaz porteur de particules est inférieur au 1/6 de celui du gaz du jet pour les injecteurs standard avec un diamètre interne de $1.5 - 2\ mm$ [**43**]. L'étude a permis de prédire les histoires dynamique et thermique des particules aggmomérées et l'effet des conditions de projections (diamètre, vitesse d'injection, densité, ...) sur la fusion ou l'évaporation. Il a été constaté qu'il est possible d'optimiser les diamètres de particules (agglomérat de nanoparticules) et les conditions d'injection correspondantes qui favorisent l'obtention d'un noyau aggloméré non fondu gardant sa nanostructure initiale.

Wang et al. [**46**] ont développé un code en volumes finis (VF) basé sur l'alogorithme SIMPLER pour l'étude de l'entrainement de l'air ambiant dans un jet de plasma d'argon subsonic laminaire ou turbulent libre ou impactant normalement sur un substrat plat. Le modèle axisymmétrique stationnaire a été retenu. Les profils d'entrée sont pris parabolliques et la turbulence (dans le cas turbulent) est prise en compte à l'aide du modèle $K - \varepsilon$. Il est observé que l'existence du substrat favorise significativement l'entrainement de l'air dans le jet de plasma. Cet entraînnement davantage est dû à la contribution du jet de paroi qui se forme le long du substrat. Les résultats montrent aussi que le maximum du débit massique de l'air ambiant entraîné dans un jet de plasma turbulent impactant est approximativement directement proportionnel au débit massique à l'entrée du jet de plasma, alors que pour un écoulement laminaire, il diminue légèrement avec l'augmentation de la température d'entrée mais augmente avec l'augmentation de la vitesse d'entrée.

Dilwari et al. [4] ont développé un modèle stationnaire en volumes finis (VF) pour la simulation du jet plasma d'arc soufflé turbulent. Le gaz plasmagène utilisé pour le jet d'azote, déchargeant dans l'azote froid ou dans l'air libre. La turbulence est modélisée par l'approche $K - \varepsilon$ standard ou modifiée tenant compte des modifications introduites par Launder et Spalding[3]. L'effet du choix des profils de vitesse et de température (profils paraboliques ou plats) et du gaz environnant sur les comportements du jet de plasma sont étudiés. Les résultats des simulations montrent que pour la même énergie d'entrée mais différent profils (plat et parabolique) le comportement du jet diffère considérablement, qu'il est immergé dans l'air ou dans l'azote. Cette différence est accentuée lorsque le gaz plasmagène est l'argon. Les résultats du modèle $K - \varepsilon$ modifié montrent une amélioration sur le profil de la vitesse axiale le long de l'axe de symétrie, cependant, la déviation aux mesures expérimentales augmente pour le profil de température. L'auteur impose des profils plats à la sortie de la tuyère ce qui n'est pas justifié analytiquement et expérimentalement. Cette conclusion est fondée sur le fait que quand on impose des profils plats, les équations d'équilibre global (masse et enthalpie) à l'entrée sont impossibles à satisfaire (analytiquement). En outre la vitesse est très difficile à mesurer expérimentalement au voisinage immédiat de la sortie de la tuyère et un pic radial (gradients élevés) est observé à la sortie de la tuyère pour la distribution de température quand on impose des profils plats.

1.4.2 Modèles 2-D transitoires

Ramshaw et al. [47] ont développé un code basé sur la méthode des différences finies (DF) pour simuler des jets de plasma d'argon turbulents et stationnaire ou transitoires. La tubulence est représentée par le modèle $K - \varepsilon$. Le code est utilisé pour simuler un jet bi-dimensionnel plan ou axisymmetrique avec/sans tourbillons (vortex) et des jets tri-dimensionnels en coordonnées cartésiènnes. L'écoulement est supposé com-

---

[3]B. E. Launder and D. B. Spalding, Comput. Methods Appl. Mech. Eng., 3, 269 (1974).

pressible, les effets des réactions chimiques (ionisation-recombinaison: $Ar \leftrightarrows Ar^+ + e^-$, dissociation...) ont été pris en compte et l'algorithme a été incorporé dans le code LAVA. Les résultats de validation des données de simulations du code LAVA pour un jet d'argon déchargeant en argon avec les mesures expérimentales étaient généralement satisfaisantes en raison des incertitudes attribuées aux profils d'entrée.

Park et al. [48] ont étudié les effets des fluctuations axiales de l'arc dans la tuyère en imposant une tension fluctuante à l'entrée pour le code LAVA. L'état stationnaire est forcé à osciller radiallement avec une fréquence caractéristique. Les histoires dynamique et thermique des particules de zircone yttriée stabilisée injectées dans un plasma de N_2/H_2 déchargeant dans l'air sont calculées. Il a été constaté dans cette étude que les moyennes temporelles (sur les fluctuations axiales) des propriétées du jet de plasma sont très proches de celles obtenues par un modèle stationnaire et que le même comportement est constaté avec les particules injectées. Les auteurs ont montré, aussi, que les fluctuations radiales doivent être prises en compte dans de telles études pour pouvoir obtenir des résultats (pour les propriétées des particules) en accord avec les mesures expérimentales

Zhang et al. [49-50] ont simulé le jet plasma et le transport des particules par la méthode Lattice-Boltzmann (LB) en utilisant un modèle double-populations D2Q7-D2Q7 pour résoudres les champs de vitesse et de température dans un réseau bidimensionnel hexagonal. Un modèle probabiliste est couplé à l'algorithme LB pour contrôler le déplacement de particules entre les noeuds du réseau. Les auteurs ont noté que la méthode LB est plus rapide que les méthodes conventionnelles de simulation de dynamique des fluides en général et de l'écoulement de jet plasma en particulier. La simulation du traitement des particules de poudre d'un super alliage de nickel (GH163) ont montré un bon accord avec les mesures expérimentales effectuées dans les mêmes conditions opératoires avec l'outil de diagnostic SprayWatch (Oseir Co). Nous notons ici que c'est la première fois que le sujet de projection par plasma est abordé par la méthode LBM et que moèle développé ici présente des limites: (i) les conditions aux limites dans la direction radiale ne reflettent pas la réalité physique et il en résultent un profil parabolique des vecteurs vitesse observés à chaque section et à une concentration de particules sur les frontières du domaine de calcul (semblables à un écoulement dans un tube), (ii) en raison du non développement radial du jet libre, l'auteur a imposé une viscosité turbulente, ce qui ne rend pas compte des phénomènes réels qui se produisent dans de tels écoulements, tels que les gradients locaux des champs, (iii) le jet de plasma est considéré plan et (iv) que les profils centraux de vitesse et de température présentent une déviation considérable par rapport à la littérature. L'objectif de ce travail de thèse est de développer un modèle LB plus réaliste qui rend compte des conditions aux limites et de la physique de l'écoulement. Ce code servira à la prédiction des

comportements dynamique et thermique des particules en vol et en intéractions avec
le jet plasma.

1.4.3   Modèles 3-D stationnaires

Ramachandran et al. [51] ont développé un modèle 3-D (en coordonnées cartésiennes) en écoulement stationaire et turbulent pour la simulation de l'intéraction plasma
particules en vol. L'intéraction est modélisée par le couplage de l'approche Lagrangiènne
du comportement des particules et l'approche Euleriènne du comportement de l'
écoulement plasma. L'algorithme SIMPLER est utilsé pour résoudre les équations
de transport et de transferts à travers le code PHOENICS (Parabolic, Hyperbolic,
Or Elliptic Numerical Integration Code Series). L'écoulement est un plasma d'argon
déchargeant en argon à la pression atmosphérique et l'effet de l'injection de particules
sur le jet est négligé (faible charge particulaire). Il a été constaté dans cette étude
que la présence de particules dans le jet plasma diminue localement l'énergie cinétique
et le taux de dissipation, que la perte dans les propriétés du plasma diminue avec
l'augmentation de tailles des particules et que la modulation turbulente diminue les
distributions de température et de vitesse des particules.

L'hypothèse de charges particulaires considérables a été prise en compte par l'auteur
en [52] dans un jet de plasma d'argon avec/sans tourbillons (vortex) à l'entrée. Les
deux effets du gaz porteur et de la charge de particules sur le jet en présence / absence de tourbillons (vortex) ont été étudiés séparément puis couplés. Il a été constaté
que: (i) le gaz porteur déforme considérablement les distributions de vitresse radiale et azimutale au voisinage du point d'injection; cependant, ses effets sur la vitesse
axiale demeurent négligeables pour des débits massiques faibles. (ii) les effets simul-
tannées du gaz porteur et du chargement de particules est considérable pour un jet
sans tourbillons (vortex). (iii) Le champ de vitesse de la particule et la distribution
de sa température augmentent avec l'augmentation du chargement de particules.

Ahmed et al. [53] ont effectué une étude tridimensionnelle de la projection des
agglomérats de céramique partiellement fondus en utilisant le code commercial FLU-
ENT. L'injection est faite dans un plasma d'argon-hydrogène déchargeant en air en
présence d'un substrat. Il a été démontré que, dans la gamme de tailles de particules
et les conditions d'entrée du jet utilisées, le nuage des points d'impact et la fraction
de particules non fondues sont directement affectés par la taille des particules.

Vardelle et al. [54] ont effectué une revue des techniques expérimentales et an-
alytiques utilisées dans les études d'injection de particules en projection plasma en
utilisant le code commercial ESTET-Astrid. L'étude consiste en l'examen des effets
de différents paramètres tels que l'écoulement du gaz au sein de l'injecteur, l'influence

de l'injection de poudre sur le jet de plasma, etc... . Des données expérimentales et de simulations numériques ont été fournies pour des poudres de céramique injectées en un plasma d'argon-hydrogène. Il a été conclu que (i) la viscosité du gaz plasmagène n'a pas d'effet sur la pénétration de particule dans le jet et ceci pour un gaz pur, binaire ou ternaire, au contraire de sa quantité de mouvement. (ii) Pour une injection interne le jet est déformé considérablement à condition que le débit massique d'injection est de l'odre de 10% celui du jet de plasma et qu'il n'y a pas d'effet remarquable pour une injection externe. (iii) Pour un débit massique donné au gaz porteur, la vitesse des particules à la sortie de l'injecteur est quasi indépendante de la taille des particules, donc les particules de petite dimension devant avoir une grande quantité de mouvement, ne pénètrent pas dans le jet et ceci est plus remarquable pour des injecteurs de diamètre plus grands. (iv) Les fluctuations du pied d'arc au sein de l'anode résultent en une fluctuation au sein du jet de projection de particules.

1.4.4 Modèles 3-D transitoires

Shan et al. [55] ont developpé un code 3-D pour l'étude de la projection par plasma de précurseur en solution. Le gaz primaire est l'argon et le jet de plasma décharge dans l'air ambiant à pression atmosphérique. Le caractère turbulent a été modélisé par la méthode $RNG - k - \varepsilon$ conventionnelle. Nous notons ici que la projection de précurseur par plasma de précurseur utilisée pour les dépôts minces ($< 50\mu m$), une solution de particules micro ou nano-métiques en suspension dans un solvant est injectée dans le plasma. Le solvant s'évapore et les particules fondent et forment des aggrégats (fondus) de tailles allant de 0.1 à $1\mu m$ [56]. Les résultats de l'auteur [55], basés sur les profils centraux de vitesse et de température, corroborent bien les mesures expérimentales. Les effets de la déformation du jet de plasma dûe au courant du précurseur de solution sont démontrés. Les distributions de tailles, de vitesse, de température et de positions des gouttelettes/particules sur le substrat ont été calculées. Les résultats montrent que seule une faible fraction de particules atteignent leurs points de fusion dans les conditions utilisées dans l'étude.

Zhang et al. [57] ont utilisée le code LAVA-3D-P pour simuler un jet de plasma tridimensionnel transitoire. Des mesures expérimentales ont été aussi effectuées pour étudier la corrélation entre l'angle d'injection de particules, les débits de gaz porteur et du gaz primaire et les propriétés des particules. Un bon accord a été constaté entre le résultats de simulations numériques et les mesures expérimentales. L'étude a montré que l'angle d'injection et le débit du gaz porteur ont des effets significatifs sur le jet de plasma et les trajectoires de particules, et par conséquence sur les vitesses et les températures de surfaces des particules. Il a été constaté, aussi, que sous les conditions opératoires, un gaz porteur de 4 SLM (standard liter per muinute, 1 SLM=16.67 cm^{-3}/s) et un angle d'injection de de -30° sont recommandés et qu'une distance de projection de 8 à 10 cm est favorable pour donner des particules à des viteses et températures élevées.

Selvan et al. [58] ont effectué une étude à l'aide du code FLUENT pour clarifier les aspects tridimensionnels de l'arc et du jet à l'intérieur de l'anode et les effets qui en résultent sur les jets. Les résultats ont été présentés pour un jet d'argon-azote. Il a été conclu que (i) l'écoulement est purement tridimensionnel au sein de la torche et que ce caractère est transferré au jet plasma. (ii) La longueur de l'arc augmente avec l'augmentation de l'intensité du courant et la diminution du débit de gaz. (iii) Les effets tridimensionels sont imporant à la sortie de la torche et que la vitesse a des effets tridimensionnels plus remarquables que la température.

1.4.5 Modélisation du comportement de particules

Xiong et al.[59] ont effectué une étude compréhensive par simulations numériques et mesures expérimentales du comportement de fusion de particules en projection dans un plasma d'argon-hydrogène. Les effets des distributions statistiques des dimensions de particules ont été,également, étudiées. Il a été conclu que le modèle de distribution de particules est étroitement lié à l'état de fusion de particules et qu'il est possible de mesurer la distribution de fusion de particules utilisant la distribution observée de température de surface.

Legros [60] considère la projection d'une poudre d'alumine dans un modèle transitoire et examine l'effet des fluctuations du pied d'arc sur le traitement de la poudre et l'influence du transfert de masse dans les couches limites de la particule sur le transfert thermique. Le modèle de calcul développé prend en compte l'évaporation des particules dans les transferts de masse et dans la correction des coefficients de trainée et de transfert thermique. La comparaison des résultats numériques aux mesures expérimentales de Bisson et al.[4] montre un bon accord pour les valeurs des vitesses et température des particules.

Bouneder [61] a développé un modèle enthalpique pour étudier le transfert de chaleur et de masse, dans une particule composite bicouche (cœur métal et enveloppe céramique) projetée par un jet de plasma à arc soufflé. La méthode des volumes finis a été retenue pour résoudre les équations de transferts et des schémas du second ordres en temps et en espace ont été utilisés pour discrétisation des équations. Il a été démontré dans cette étude l'effet important de la résistance thermique de contact

---

[4] J.F Bisson, C. Moreau, Effect of direct-current plasma fluctuations on in-flight particle parameters: part II, Journal of Thermal Spray Technology, 12 (2), p 258-264, 2003.

RTC entre les deux couches sur la conduction interne de la chaleur. Cet effet est jugé important particulièrement à l'interface où existe un saut de température dont la valeur est fonction des propriétés thermiques des matériaux et de la RTC.

Xiong et al. [62] ont effectué une étude numérique pour évaluer le coportement de particules (transport, échauffement, fusion, ...) injectées en agglomérats (plasma de suspension). Les propriétées du jet de plasma ont été calculées à l'aide du code commercial LAVA-3D-P. Les particules sont à base de zircone ou d'alumine en suspension dans l'éthanol. Une injection axiale est retenue dans l'étude. Les résultats ont montré que (i) les tailles de particules ont un effet majeur sur leurs températures mais un effet mineur sur leurs vitesses. (ii) Les particules de grande dimensions ont des basses températures et peuvent avoir des vitesses élevées selon leurs trajectoires. En augmentant la puissance à l'entrée, la vitesse moyenne des particules augmente mais la température moyenne diminue et qu'en augmentant le débit massique à l'entrée, la vitesse moyenne des particules augmente aussi, mais leur température moyenne peut augmenter ou diminuer en fonction de la température du gaz.

1.5 Conclusion

Au cours de ce premier chapitre nous avons, d'abord, brièvement rappelé les principes des différentes techniques utilisées en projection thermique permettant la réalisation de revêtements. Ensuite, nous avons effectué une description détaillée du procédé de la projection par plasma d'arc dans lequel s'articulent nos travaux de thèse. Nous avons donc présenté les propriétées du jet de plasma et son comportement selon les conditions d'entrée et les configurations retenues. Les principaux phénomènes qui régissent le comportemnt de particules projetées par plasma sont aussi présentés et discutés. Nous avons aussi, à travers cette revue, présenté les paramèttres déterminant du comportement de poudres dès l'injection jusqu'à la formation du dépôt et particulièrement les phénomènes complexes au voisinage des particules en vol, le traitement de la poudre dans l'écoulement et la construction du dépôt.

Les premiers travaux dans ce domaine ont d'abord considéré des géométries bidimensionnelles (rectangulaire ou cylindrique) et des écoulements stationnaires pour le jet, en incluant différents modèles de turbulence (modèle de la longueur de mélange, modèle $k-\varepsilon$, RNG) avec des améliorations successives. Mais pour certains phénomènes comme les instabilités dûes aux fluctuations du pied d'arc au sein de la tuyère, la modélisation ne peut être que transitoire et tridimensionnelle. La tendance actuelle de simulation de jet et de modélisation des phénomènes dont il dépend et le passage aux écoulements tridimensionnels transitoires est récente et le plus souvent effectuée à l'aide de codes de calcul commerciaux tel que PHOENICS, FLUENT, ESTET, LAVA,

... La méthode de Boltzmann sur réseau ou "Lattice Boltzmann Method: LBM" est apparue récemment comme un outil puissant et fiable pour la simulation d'écoulements classiques et complexes en CFD. La méthode présente l'avantage que son équation d'évolution est dépendante du temps (transitoire), son traîtement des particules fluides dans un mécanisme collisionnel microscopique (qui va avec les propriétes du jet de plasma) et sa flexibilté pour permettre l'incorporation de modèles de turbulences sont entre autre des considérations qui nous encourage à aborder le sujet de projection plasma par cette technique. Le chapitre suivant est dédié à une présentation de la méthode LBM, son évolution, ses modèles et ses caractéristiques.

Bibliographie

[1] M. U. Schoop, A new process for the production of metallic coatings, Metallurgical and Chemical Engineering, 8 (7), pp 404-406, 1910.

[2] A. Proner, Revêtements par projection thermique, Techniques de l'ingénieur, Traité matériaux métalliques, M 1 645, pp 1-20

[3] P. Fauchais; Plasmas thermiques aux puissances inférieures à 400 kW : applications, D 2825, pp 1-12

[4] A. H. Dilawari et J. Szekely; Some Perspectives on the modeling of plasma jets; Plasma Chemistry and Plasma Processing, vol 7, n 3, pp 317-339, 1987.

[5] P. Fauchais and A.Vardelle, Heat, mass and momentum transfer in coating formation by plasma spraying. Int. J.Therm.Sciences, vol.39,pp 852-870, 2000.

[6] M. F. Elchinger, B. Pateyron, P. Fauchais and A. Vardelle, Calculation of thermodynamic and transport properties of Ar-H2-Air plasma, comparison with simple mixing rules. 13th Int. Symp. on Plasma Chemistry, Proc. Supplement, Beijing China, Pékin University Press, (Ed.) C.K. Wu, pp 1997-2003, 1997.

[7] T&TWINner, disponible sur le site http://www.ttwinner.free.fr

[8] B. Pateyron, M.F. Elchinger, G. Delluc, P. Fauchais Sound velocity in different reacting thermal plasma systems, Plasma Chemistry and Plasma Processing, Vol. 16, N°1, pp 39-57, 1996.

[9] N. Venkatramani, Industrial plasma torch and application, Current sciences, 83 (3), p 254-262, 2002.

[10] S. Dresvin and S.U. Mikhailov, Heat exchange of spherical stationary model and small particles moving in a plasma jet. ICHMT, Proc. Of the Int. Symp. on Heat Mass Transfer under Plasma conditions, P.Fauchais (Ed.), 1999.

[11] P. Fauchais, A. Vardelle and B. Dussoubs; Quo vadis thermal spraying; J.Therm. Spray Technology; 10(1), pp 44-66, 2001.

[12] N. Venkatramani, Industrial plasma torch and application, Current sciences, 83 (3), pp 254-262, 2002.

[13] O.H. Chang, A. Kaminska and M. Dudeck; Influence of Torch Nozzle Geometry on Plasma Jet Properties; J. Phys. III France 7, pp 1361-1375, 1997.

[14] H. Ping Li and E. Pfender; Three dimensional modeling of the plasma spray process; Journal of Thermal Spray Technology, 16(2) pp 245-260, 2007.

[15] M.P. Planche, Contribution à l'étude des fluctuations dans une torche à plasma ; Application à la dynamique de l'arc et aux mesures de vitesse d'écoulement, Thèse de doctorat de l'Université de Limoges, n° d'ordre 37-1995, 1995.

[16] S.A Wutzke, E. Pfender, E.R.Geckert; Study of electric arc behaviour with superimposed flow; A.I.A.A. Journal, 5 (4), pp 707-713, 1967.

[17] A. Harir, Contribution à la faisabilité de dépôts composites métal-lubrifiant solide élaborés par plasma d'arc : comportement tribologique, Thèse de doctorat, Université de Limoges, 2002

[18] B. Pateyron, Contribution à la réalisation et à la modélisation de réacteurs plasmas soufflés ou transférés appliqués à la métallurgie extractive et à la production de poudres ultrafines métalliques ou céramiques, Thèse de doctorat d'État de l'Université de Limoges, N° ordre 21-1987, 1987.

[19] B. Dussoubs; Modélisation tridimensionelle du procédé de projection plasma: influence des conditions d'injection de la poudre et des paramètres de projection sur le traitement et la répartition des particules dans l'écoulement; Thèse de doctorat de l'Université de Limoges, n° d'ordre 23-1998, 1998.

[20] F. Ben Ettouil; Modélisation rapide du traitement de poudres en projection par plasma d'arc; Thèse de doctorat de l'Université de Limoges, n° d'ordre 8-2008, 2008.

[21] M. Boulos, P. Fauchais, E. Pfender; Radiation Transport; In Thermal Plasmas Fundamentals and Applications, vol. 1 (ed. Plenum Press, New York), pp 325-381, 1994.

[22] P. Fauchais; Understanding plasma spraying; J. Phys. D: Appl. Phys. 37, R86–R108, 2004.

[23] S. A. Al-Mamun, Y. Tanaka and Y. Uesugi; Two-temperature two-dimensional non chemical equilibrium modeling of Ar–CO2–H2 induction thermal plasmas at atmospheric pressure; Plasma Chem Plasma Process, Springer Science+Business Media, LLC 2009.

[24] C. Tendero, C. Tixier, P.Tristant, J. Desmaison et P. Leprince; Atmospheric pressure plasmas: A review; Spectrochimica Acta, Part B 61 (2006), pp.2-30

[25] Y. C. Lee; Modeling work in thermal plasma processing; Ph. D Thesis, University of Minnesota, Minneapolis, Minnesota, USA, 1984.

[26] X. Chen, E. Pfender; Effect of the Knudsen number on heat transfer to a particle immersed into thermal plasma, Plasma Chemistry and Plasma Processing. 3 (1), pp 97-114, 1980

[27] E. Pfender; Particle behavior in thermal plasma; Plasma Chemistry and Plasma Processing, 9 (1), p167-194, 1989.

[28] P.J. Thomas; A numerical study of the influence of the Basset force on the statistics of the LDV velocity Data sampled in a flow region with a large spatial velocity gradient; Experiments in Fluids 23, pp 48-53, 1997.

[29] L. Talbot, Thermophoresis - a review, In Rarefied Gas Dynamics, Ed. S.S Fisher, AIAA Books 4, pp 467-488, 1981.

[30] X. Chen; Particle heating in a thermal plasma; Pure & Appl. Chem., Vol. 60, n°. 5, pp 651-662, 1988.

[31] X. Chen, E. Pfender; Effect of pressure on heat transfer to a particle exposed to a thermal plasma; J. Eng. Gas Turbines Power, Vol. 107, Issue 1, 147-151, 1985.

[32] P. Fauchais, A. Grimaud, A. Vardelle et M. Vardelle; La projection par plasma: une revue; Ann. Phys. Fr. 14, pp 261-310, 1989.

[33] E. Pfender; Heat and momentum transfer to particles in thermal plasma flows; Pure & Appl. Chem., Vol. 57, n°. 9, pp 1179-1195, 1985.

[34] W.E. Ranz and W.R. Marshall; Evaporation from drops. Chem. Eng. Prog. vol. 48, pp 141-146, 1952.

[35] M. Vardelle, A. Vardelle, P. Fauchais, M.I. Boulos; Plasma–particle momentum and heat transfer : modeling and measurements; J. AIChE, 29 (2), pp 236-243, 1983.

[36] E. Bourdin, P. Fauchais, M. I. Boulos; Transient heat conduction under plasma condition; Int. J. Heat and Mass Transfer, 26 (4), pp 567-582, 1983.

[37] M. Bouneder; Modélisation des transferts de chaleur et de masse dans les poudres composites métal/céramique en projection thermique : Application à la projection par plasma d'arc soufflé argon hydrogène; Thèse de doctorat de l'Université de Limoges, n° d'ordre23 -2006, 2006.

[38] L. Bianchi; Projection par plasma d'arc et par plasma inductif de dépôts céramiques: mécanismes de fromation de la première couche et relaxation avec les propriétés mécaniques du dépôt; Thèse de l'Université de Limoges, numéro d'ordre 95-41, 1995.

[39] G. R. Vallet; Elaboration par projection plasma d'électrolytes de zircone yttriée dense et de faible épaisseur pour SOFC; Thèse de l'Université de Limoges, numéro d'ordre 2-2004, 2004.

[40] C. Escure, M. Vardelle, A. Vardelle, P. Fauchais; Visualization of the impact of drops on a substrate in plasma spraying : deposition and splashing modes, in International Thermal Spray Conference Advancing Thermal Spray in the 21st Century, New Surfaces for a New Millenium Singapour, 28-30 Mai 2001, (Ed.) C.C. Berndt, A. Khor, E. Lugscheider Eds., (Pub.) ASM , International Materials Park OH, USA, p 805-812, 2001.

[41] F. Qunbo, W. Fuchi, and W. Lu; Study of flying particles in plasma spraying; Journal of Materials Engineering and Performance; 17(5), pp. 621-626, 2008.

[42] F. Ben Ettouil, O. Mazhorova, B. Pateyron, Hélène Ageorges, M. El Ganaoui and P. Fauchais; Predicting dynamic and thermal histories of agglomerated particles injected within a d.c. plasma jet; Surface & Coatings Technology, 202, PP. 4491–4495, 2008.

[43] F. Ben Ettouil, B. Pateyron, H. Ageorges, M. El Ganaoui, P. Fauchais and O. Mazhorova; Fast modeling of phase changes in a particle injected within a d.c plasma jet; Journal of Thermal Spray Technology, Vol. 16 (5-6), pp. 744-750, 2007.

[44] Jets&Poudres, téléchargeable au site http://jets.poudres.free.fr.

[45] GENMIX téléchargeable du site web de CHAM en cliquant http://www.cham.co.uk/website/new/genmix/genmix.htm.

[46] H.X. Wang , X. Chen and W. Pan; Modeling study on the entrainment of ambient air into subsonic laminar and turbulent argon plasma jet; Plasma Chem Plasma Process, 27, pp. 141-162, 2007.

[47] J. D. Ramshaw and C. H. Chang; Computational fluid dynamics modeling of multicomponent thermal plasmas; Plasma Chemistry and Plasma Processing, Vol. 12, No. 3, pp. 299-325, 1992.

[48] J.H. Park, J. Heberlein, E. Pfender, Y.C. Lau, J. Ruud, H.P. Wang; Particle behavior in a fluctuating plasma Jet, (Ed.) P. Fauchais, Annals New York Academy of Sciences, pp.417-424, 1999.

[49] H. Zhang, S. Hu, G. Wang, J. Zhu; Modeling and simulation of plasma jet by lattice Boltzmann method, Applied Mathematical Modeling; 31, pp. 1124-1132, (2007)

[50] H. Zhang, S. Hu, G. Wang, Simulation of powder transport in plasma jet via hybrid Lattice Boltzmann method and probabilistic algorithm, Surface & Coatings Technology, 201, p 886-894, (2006)

[51] K. Ramachandran, H. Nishiyama; Fully coupled 3D modeling of plasma–particle interactions in a plasma jet; Thin Solid Films, 457, pp. 158–167, 2004.

[52] K. Ramachandran , N. Kikukawa , H. Nishiyama; 3D modeling of plasma–particle interactions in a plasma jet under dense loading conditions; Thin Solid Films, 435, pp. 298–306, 2003.

[53] I. Ahmed and T.L. Bergman; Three-dimensional simulation of thermal plasma spraying of partially molten ceramic agglomerates; Journal of Thermal Spray Technology, Vo. 9(2) pp. 215-224,2000.

[54] M. Vardelle, A. Vardelle, P. Fauchais, K.-I. Li, B. Dussoubs, and N. J. Themelis; Controlling particle injection in plasma spraying; Journal of Thermal Spray Technology, Vol. 10(2) pp. 267-284, 2001.

[55] Y. Shan, T. W.Coyle and J. Mostaghimi; 3D modeling of transport phenomena and the injection of the solution droplets in the solution precursor plasma spraying; Journal of Thermal Spray Technology; 16(5-6), pp. 736-743, 2007.

[56] P. Fauchais, V. Rat, C. Delbos, J.F. Coudert, T. Chartier, L. Bianchi; Understanding of suspension DC plasma spraying of finely structured coatings for SOFC; IEEE Trans. on Plasma Science, 33 [2], pp. 920-930, 2005

[57] W. Zhang, L. L. Zheng, H. Zhang and S. Sampath; Study of injection angle and carrier gas flow rate effects on particles in-flight characteristics in plasma spray process: modeling and experiments; Plasma Chem Plasma Process,27, pp.701–716,2007.

[58] B. Selvan, K. Ramachandran, K.P. Sreekumar, T.K. Thiyagarajan, P.V. Ananthapadmanabhan; Numerical and experimental studies on DC plasma spray torch; Vacuum, 84, pp. 444–452, 2010.

[59] H. B. Xiong, L. L. Zheng and T. Streibl; A critical assessment of particle temperature distributions during plasma spraying: numerical studies for YSZ; Plasma Chemistry and Plasma Processing, Vol. 26, No. 1, pp. 52-72, 2006.

[60] E. Legros, Contribution à l'étude tridimensionnelle du procédé de projection par plasma et application à un dispositif de deux torches. Thèse de l'université de Limoges. n° d'ordre X-2003, 2003.

[61] H.-B. Xiong and J.-Z. Lin; Nanoparticles modeling in axially injection suspension plasma spray of zirconia and alumina ceramics; Journal of Thermal Spray Technology, Vol. 18(5-6), pp. 887-895, 2009.

Chapitre **2**

Méthode numérique: la méthode de Boltzmann sur réseau (LBM)

2.1	**Introduction**	**48**
2.2	**Equations aux dérivées partielles générales**	**48**
2.3	**Méthodes traditionnelles en dynamique des fluides**	**49**
2.4	**Méthode de Boltzmann**	**49**
	2.4.1 Théorie cinétique	51
	2.4.2 Équation de Boltzmann	52
	2.4.3 Approximation BGK	53
2.5	**Cadre de base de la méthode de Boltzmann sur réseau** . .	**54**
	2.5.1 Réseaux et vitesses discrètes	55
	2.5.2 Fonction de distribution d'équilibre et variables macroscopiques	55
	2.5.3 Processus de collision-propagation	59
	2.5.4 Viscosité	59
	2.5.5 Incorporation du terme force	59
	2.5.6 Conditions aux limites	60
	2.5.7 Développement multiéchelle de Chapman-Enskog	63
2.6	**Hydrodynamique LBM**	**66**
	2.6.1 Modèle complètement incompressible	66
	2.6.2 Modèle incompressible de He et Luo	67
	2.6.3 Modèle compressible conventionnel	67
2.7	**Modèles LBM thermiques**	**67**
	2.7.1 Extension aux écoulements non-isothermes	67
	2.7.2 Modèle du scalaire passif	68
	2.7.3 Modèle énergétique de He et al.	68
	2.7.4 Modèle énergétique simplifié	69
2.8	**Méthode LBM dans le cadre de CFD**	**69**

2.8.1 Dynamique des fluides et au-delà 69
2.8.2 Méthode LBM via les méthodes conventionnelles 70
2.8.3 Avantages de la méthode LBM 71
2.9 Conclusion **71**

2.1 Introduction

Récemment, la méthode de Boltzmann sur réseau (LB) a été appliquée avec succès pour simuler les écoulements fluide et les phénomènes de transport [1]. À la différence des méthodes conventionnelles utilisées en CFD, la méthode LB est fondée sur les modèles microscopiques et les équations cinétiques mesoscopiques dans lesquels le comportement collectif des particules dans un système est employé pour simuler la mécanique des milieux continus. En raison de cette nature cinétique, la méthode LB s'est avérée particulièrement utile dans les applications impliquant la dynamique interfaciale et les frontières complexes, par exemple les écoulements multiphasiques ou multicomposants [2-4]. Dans ce chapitre, nous présenterons en détail la méthodologie et les notions générales de la méthode LB ainsi que les différents modèles utilisés en écoulements isothermes et athermes. Les détails de l'application de modèles bien selectionnés de la méthode LB fera l'objet des chapitres suivants.

2.2 Equations aux dérivées partielles générales

La forme la plus pertinente des équations aux dérivées partielles écrites pour une variable d'interêt dépendante de l'espace et du temps $\phi(\overrightarrow{x}, t)$ obéit au principe de conservation générale:

$$\frac{\partial(\rho\phi)}{\partial t} + \nabla.(\rho\overrightarrow{u}\phi) = \nabla.(\Gamma\,\nabla\phi) + S \qquad (2.1)$$

Où Γ est le coefficient de diffusion et S un terme source. Les quantités Γ et S sont spécifiques à la signification particulière de la variable ϕ.

Les quatre termes de l'équation différentielle générale sont le terme transitoire, le terme de convection, le terme de diffusion et le terme source. La variable dépendante ϕ peut servir pour une variété de différentes quantités, comme la fraction massique (concentration), la température ou l'enthalpie, la vitesse, l'énergie cinétique turbulente... En conséquence, pour chaque variable ϕ, une signification appropriée est donnée aux coefficients Γ et S.

Lorsque ϕ est le vecteur vitesse $\overrightarrow{u}$, cette équation projetée sur les axes du repère choisi donne deux ou trois équations (selon que le problème est 2D ou 3D), ces équations sont connues sous le nom d'équations de Navier-Stokes (N-S) incompressibles, écrites originalement par Claude Navier en 1823 et améliorées après par George Stokes. Les équations de Navier-Stokes expriment une loi de conservation locale pour la quantité de mouvement du système.

De façon plus générale, la recherche et l'ingénierie en simulation de dynamique des fluides (CFD) sont basées sur la résolution des équations aux dérivées partielles (PDE en anglais "Partial Differential Equation") (équation (2.1)).

2.3 Méthodes traditionnelles en dynamique des fluides

Classiquement, un problème fluide est résolu en utilisant les équations aux dérivées partielles (EDP) qui le gouvernent, comme les équations de N-S. La plupart des méthodes de résolutions traditionnelles (méthode d'éléments finis: EF, méthode de différences finies: DF, méthode de volumes finis: VF, ...) en CFD sont basées sur la résolution ou bien de formes différentielles ou intégrales des équations aux dérivées partielles. Ces méthodes sont basées sur les techniques de discrétisation, elles partent des EDP et les discrétisent par éléments finis, par différences finies ou par volumes finis généralement en maillages réguliers. Les solutions approchées qui en découlent sont donc basées sur les échelles de discrétisation spatiale et temporelle. Les schémas de ces méthodes sont utilisés pour convertir les EDPs en des systèmes algébriques moyennant les conditions initiales et aux limites. Ces équations algébriques sont résolues itérativement jusqu'à ce que la condition de convergence soit vérifiée.

2.4 Méthode de Boltzmann

Récemment, la méthode LBM a connu une utilisation croissante par les scientifiques et ingénieurs comme outil alternatif aux moyens de résolution numérique conventionnels pour les équations de Navier-Stokes. La méthode LBM et son ancêtre LGA (en expression anglaise: lattice gas automata), au contraire des approches conventionnelles, sont des approches mésoscopiques fondées sur la théorie cinétique. L'équation de Boltzmann résout des équations mésoscopiques pour la moyenne d'ensemble d'une distribution de particules fluides en mouvement et interaction dans un réseau discret. Une analyse multi-échelle est ensuite effectuée pour retrouver ou remonter vers les quantitées macroscopiques. La figure **2.1** décrit la différence entre les procédures de résolution des EDPs utilisées par les approches conventionnelles et la méthode de Boltzmann.

La méthode de dynamiques moléculaire (Molecular dynamics) est aussi une méthode particulaire, elle résout la dynamique d'un système fluide à l'échelle microscopique.

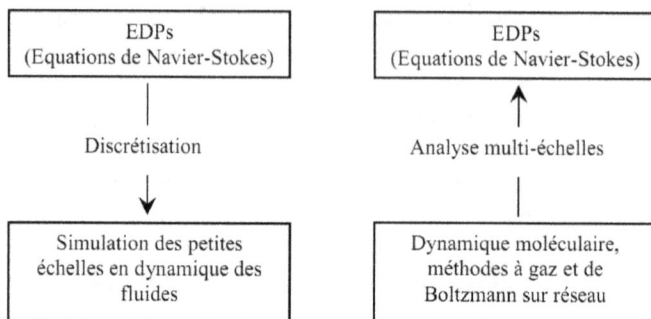

Figure 2.1: Différences entre les deux types d'approches numériques

Elle intègre les équations de mouvement de Newton pour un nombre de molécules donné en se basant sur un potentiel intermoléculaire. Toutefois, les simulations par cette technique sont très couteuses en temps et mémoire de stockage, ce qui limite le nombre de particules à simuler [5]. La simulation directe de Monte Carlo est une méthode pseudo-particulaire sans réseau et en conjonction avec la dynamique Newtonienne. Les méthodes à gaz et de Boltzmann sur réseau traitent les écoulements en termes de particules fictives à grains grossiers qui stationnent en des nœuds sur une grille maillée (réseau) ou effectuent des translations et collisions imposées par le comportement global du fluide. Les approches Navier-Stokes résolvent les équations aux dérivées partielles en milieux continus qui expliquent la conservation locale de la masse, de quantité de mouvement et de l'énergie. Ces trois méthodes ont leurs plages de validité à différents nombres de Knudsen (où le nombre de Knudsen Kn est défini au § 1.3.8). Notons aussi que les modèles des milieux continus basés sur les équations de NS et d'Euler sont généralement valables lorsque $Kn<0{,}01$, et peuvent être étendus au régime d'écoulement glissant ($0{,}01 <Kn <0{,}1$) par un traitement approprié des conditions aux limites. Alors que, le modèle de particules discrètes basée sur l'équation de Boltzmann régit presque tous les régimes d'écoulement ($Kn <100$). Sans aucun doute, les approches numériques basées sur l'équation de Boltzmann trouvent un champ plus large d'applications pratiques.

La figure **2.2** montre différentes approches numériques couramment employées en simulation de mécaniques des fluides. Le domaine d'applicabilité de chaque méthode est défini par le nombre de Knudsen. De l'approche dynamique moléculaire à l'approche dynamique de Navier-stokes, l'échelle du système augmente (donc le nombre de Knudsen diminue), l'efficience numérique par volume est améliorée mais la

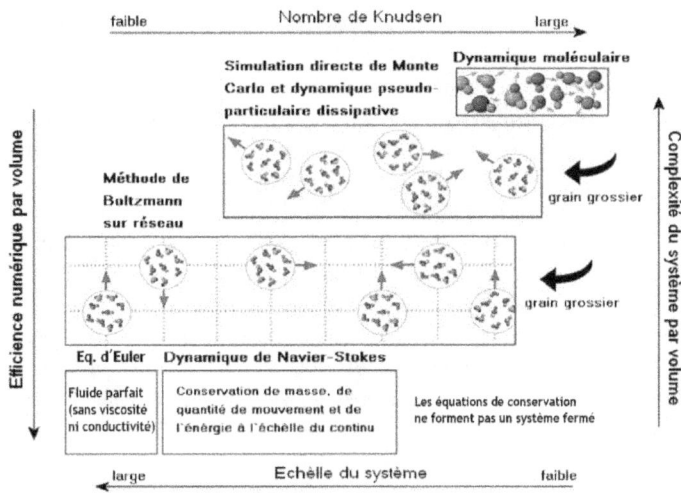

Figure 2.2: Les différentes approches numériques en mécaniques des fluides avec leurs domaines d'applicabilité (d'après [4], avec révision)

complexité est réduite. La méthode de Boltzmann sur réseau s'avère mésoscopique (entre microscopique et macroscopique), elle utilise des agglomérats de molécules qui se déplacent selon un maillage donné, et l'information macroscopique est obtenue à l'aide d'un traitement collectif.

2.4.1 Théorie cinétique

La théorie cinétique est fondée sur les hypothèses fondamentales suivantes: Le nombre de molécules est très grand, le libre-parcours moyen des molécules est beaucoup plus plus grande que la taille de la molécule (Knudsen élevé), les molécules se déplacent constamment et aléatoirement avec une distribution de vitesse, les collisions inter-particules et particules-murs sont élastiques, pas de forces interparticulaires et les particules (ou molécules) obéissent aux lois de mouvement de Newton.

La théorie cinétique des gaz cherche à expliquer le comportement macroscopique d'un gaz à partir des caractéristiques des mouvements des particules qui le composent. Elle permet de donner une interprétation microscopique aux notions de température (c'est une mesure de l'agitation des particules, plus précisément de leur énergie ciné-tique) et de pression (la pression exercée par un gaz sur une paroi résulte des chocs des particules sur cette dernière).

Soit une particule isolée de masse m en mouvement dans un tube (de longueur L et surface de base A) à la vitesse c_x (dans la direction x) et qui vient heurter continuellement les bases du tube. En supposant [6] que les chocs sont parfaitement élastiques, la force F résultante à l'une des extrémités du tube est égale au taux de changement de la quantité de mouvement de la particule pendant l'intervalle de temps Δt ($= 2L/c_x$ temps nécessaire pour que la particule revient à sa position initiale), soit $m\, c_x - (-m\, c_x) = 2m\, c_x$. L'intégration de la loi de Newton ($F = m\, dc/dt$) donne $\Delta t\, F = 2m\, c_x$, càd $F = m\, c_x^2/L$. En supposant absentes les interactions entre particules (particules libres et indépendantes: gaz idéal dilué) et que les composantes de la vitesse sont égales dans les trois directions (càd $c^2 = 3c_x^2$), le résultat peut être généralisé pour N particules et la force totale est donc $F = Nmc^2/3L$. La pression exercée sur la base du tube est la force par unité de surface, $P = F/A = Nmc^2/3LA = Nmc^2/3V$, où V est le volume du tube. Il en résulte que $P = (mc^2/2)(2N/3V)$. Ce modèle simple de gaz idéal pour le mouvement de molécules où on néglige la taille des particules et les collisions interparticulaires, il est bien remarqué que la pression à l'échelle macroscopique est liée à l'énergie cinétique du système à l'échelle microscopique.

D'autre part, il a été établi expérimentalement pour un gaz, loin des points cri-tiques, la relation $PV = nRT$, où $n = N/N_A$ est le nombre de mole, $R = 8.314510\,\mathrm{J\,mol^{-1}\,K^{-1}}$ est la constante des gaz, $N_A = 6.0221367 \times 10^{23}\,\mathrm{mol^{-1}}$ est le nom-bre d'Avogadro. En introduisant la constante de Boltzmann $k = R/N_A = 1.3806568 \times 10^{-23}\,\mathrm{J\,K^{-1}}$, il en résulte que la température du système à l'échelle macroscopique est, elle aussi, liée à son énergie cinétique à l'échelle microscopique, $mc^2/2 = 3/2kT$.

2.4.2 Équation de Boltzmann

L'équation de Boltzmann[5] est due au physicien Autrichien Ludwig Eduard Boltz-mann (1844–1906) qui était célèbre pour ses contributions fondamentales dans les domaines de la mécanique statistique et de la thermodynamique statistique. En mé-canique statistique [7], la fonction de distribution $f(\overrightarrow{x}, \overrightarrow{\zeta}, t)$ d'une particule simple donne la probabilité de trouver au temps t une particule à une position donnée $\overrightarrow{x}$ et ayant un vitesse $\overrightarrow{\zeta}$. Le nombre probable de particules se trouvant dans l'étendue

---

[5] [6] Un gaz idéal a une fonction de distribution spécifique à l'équilibre (distribution de Maxwell), mais Maxwell n'explicite pas comment l'équilibre est atteint. Ce fût l'idée révolutionnaire de Boltz-mann. Ludwig Eduard Boltzmann (1844-1906), le physicien autrichien dont la réalisation majeure est le développement de la théorie de la mécanique statistique...

$\overrightarrow{x} \pm d\overrightarrow{x}$ et d'une vitesse entre $\overrightarrow{\zeta} \pm d\overrightarrow{\zeta}$ est donné par $f(\overrightarrow{x}, \overrightarrow{\zeta}, t)d\overrightarrow{x}d\overrightarrow{\zeta}$. Soit $\overrightarrow{F}$ une force externe (moyennement faible par rapport aux forces intermoléculaires). En incrémentant le temps de t à $t+dt$, il existe des particules qui partent de $(\overrightarrow{x}, \overrightarrow{\zeta})$ et arrivent à $(\overrightarrow{x}+d\overrightarrow{x}, \overrightarrow{\zeta}+d\overrightarrow{\zeta})$. En raison du phénomène de collision durant le temps dt, il existe un nombre de particules qui partent de $(\overrightarrow{x}, \overrightarrow{\zeta})$ et n'arrivent pas à $(\overrightarrow{x}+d\overrightarrow{x}, \overrightarrow{\zeta}+d\overrightarrow{\zeta})$, soit $\Gamma^{(-)}d\overrightarrow{x}d\overrightarrow{\zeta}dt$, et un autre nombre de particules partant quelque part autre que $(\overrightarrow{x}, \overrightarrow{\zeta})$ mais y arrivent, soit $\Gamma^{(+)}d\overrightarrow{x}d\overrightarrow{\zeta}dt$. En conséquence, la variation de la fonction de distribution pendant le temps dt est régie par l'équation suivante:

$$f(\overrightarrow{x}+d\overrightarrow{x}, \overrightarrow{\zeta}+d\overrightarrow{\zeta}, t+dt)d\overrightarrow{x}d\overrightarrow{\zeta} - f(\overrightarrow{x}, \overrightarrow{\zeta}, t)d\overrightarrow{x}d\overrightarrow{\zeta} = \left(\Gamma^{(+)} - \Gamma^{(-)} \right) d\overrightarrow{x}d\overrightarrow{\zeta}dt \quad (2.2)$$

Le développement en series de Taylor au premier ordre du terme de gauche de cette équation autour de $f(\overrightarrow{x}, \overrightarrow{\zeta}, t)$ donne:

$$\left[d\overrightarrow{x}\ \nabla_x\ f + d\overrightarrow{\zeta}\ \nabla_\zeta\ f + \left(\frac{\partial f}{\partial t} \right) dt \right] d\overrightarrow{x}d\overrightarrow{\zeta} = \left(\Gamma^{(+)} - \Gamma^{(-)} \right) d\overrightarrow{x}d\overrightarrow{\zeta}dt \quad (2.3)$$

Ce qui donne l'équation de Boltzmann:

$$\frac{\partial f}{\partial t} + \overrightarrow{\zeta}\ \nabla_x\ f + \frac{\overrightarrow{F}}{m}\nabla_\zeta\ f = \Gamma^{(+)} - \Gamma^{(-)} \quad (2.4)$$

L'opérateur de collision $\Gamma^{(+)} - \Gamma^{(-)}$, conventionnellement noté $\Omega(f, f)$, est entre autre un terme de gain-perte dû à la collision dans le volume défini autour de $\overrightarrow{x}$. Sa forme complète est terme intégrodifférentiel bilinéaire en f qui rend l'équation de Boltzmann particulièrement compliquée. Une simplification majeure et efficace a été apportée en 1954 par l'approximation de Bhatnagar, Gross et Krook [8]

2.4.3 Approximation BGK

L'approximation BGK a été introduite comme un modèle simplifié de l'opérateur de collision de l'équation de Boltzmann. Le modèle qui en découle est couramment désigné par le modèle à simple temps de relaxation "SRT: Single Relaxation Time". Une particule dans le fluide dont l'état est décrit par la fonction de distribution f, relaxe vers son état d'équilibre dans un temps τ. L'opérateur de collision prend la nouvelle forme simplifiée:

$$\Omega(f, f) = -\frac{f - f^{eq}}{\lambda} \quad (2.5)$$

Où λ est une échelle de temps typique associée à la relaxation à l'équilibre local, il dépend évidemment de la nature du fluide, donc de sa viscosité. L'équation de Boltzmann tenant compte de l'approximation BGK (notée LBGK) devient:

$$\frac{\partial f}{\partial t} + \overrightarrow{\zeta}\,\nabla_x\,f + \frac{\overrightarrow{F}}{m}\,\nabla_\zeta\,f = -\frac{f - f^{eq}}{\lambda} \tag{2.6}$$

Cette équation peut être discrétisée selon des directions $\overrightarrow{e}_k$ spécifiées, on aura:

$$\frac{\partial f_k}{\partial t} + e_k\,.\nabla_x\,f_k + \frac{F}{m}\,.\nabla_{e_k}\,f_k = -\frac{f_k - f_k^{eq}}{\lambda} \tag{2.7}$$

C'est une équation aux dérivées partielles linéaire en présence d'un terme force, les deux premiers termes de gauche désignent le terme d'advection et décrivent le processus de propagation, le troisième terme de gauche représente la contribution d'un terme force extérieur et le terme de droite décrit le processus de collision.

La forme discrétisée (en second ordre dans l'espace et le temps) la plus employée pour l'équation (**2.7**) sans terme force est:

$$f_k(\overrightarrow{x} + \Delta\overrightarrow{x}, t + \Delta t) - f_k(\overrightarrow{x}, t) = -\frac{f_k - f_k^{eq}}{\tau} \tag{2.8}$$

Où $\Delta\overrightarrow{x} = \Delta t\,\overrightarrow{e_k}$, càd $e_k = \frac{\Delta x}{\Delta t}$ et $\tau = \lambda/\Delta t$.

Dans le modèle BGK, il est supposé que toutes les échelles relaxent de la même façon pendant le temps de relaxation τ, selon les conditions initiales et aux limites [2] ce qui va induire des oscillations non physiques de faible longueur d'onde et dégrade la stabilité du schéma numérique. Historiquement, le succès de la méthode de Boltzmann est en grande partie fondé sur l'approximation BGK. Ce modèle est souvent employé pour résoudre les équations de Navier-Stokes incompressibles [9]. Dans ce modèle le fluide est conçu pour adopter un comportement légèrement compressible pour résoudre l'équation de pression à faibles nombres de Mach. Le modèle BGK a été amélioré continuellement dans de nombreuses tentatives résultant en de nouveaux modèles (modèle MRT: multiple relaxation times [10], modèle entropique [11], modèle régularisé [12]) pour améliorer la stabilité et/ou l'exactitude numériques pour des problèmes spécifiques, ou bien pour représenter des phénomènes physiques additionnels. Le modèle BGK reste donc le modèle du choix dans beaucoup de situations, en raison de sa simplicité d'exécution aussi bien que de précision.

2.5 Cadre de base de la méthode de Boltzmann sur réseau

En raison de la diversité de modèles dans la méthode de Boltzmann, nous allons plutôt nous focaliser dans cette section sur les plus employés par les scientifiques et ingénieurs.

2.5.1 Réseaux et vitesses discrètes

Dans la méthode LBM, la notion de réseaux ou arrangements est importante. La terminologie commune est basée sur la définition de la dimension Dn ($D1 \equiv 1D$, $D2 \equiv 2D$ et $D3 \equiv 3D$) du problème à étudier et le nombre de vitesses discrètes employées Qm, désigné par $DnQm$. Le domaine de calcul est subdivisé avec maillage carré uniforme ($\Delta x = \Delta y = \Delta z$) résultant en un nombre de noeuds dit réseau. La connectivité entre les noeuds du réseau est assurée par des vitesses discrètes dans les directions des axes et les directions diagonales. Les particules se déplacent à la vitesse $\overrightarrow{e}_{k=0,m-1}$ transportant l'information f_k. Pour un problème bidimensionnel et un réseau à 9 vitesses $\overrightarrow{e}_{k=0,8}$ (voir tableau **2.1**), nous avons:

$$[\overrightarrow{e}]_k = [\overrightarrow{e}_0, \overrightarrow{e}_1, \overrightarrow{e}_2, \overrightarrow{e}_3, \overrightarrow{e}_4, \overrightarrow{e}_5, \overrightarrow{e}_6, \overrightarrow{e}_7, \overrightarrow{e}_8]$$
$$= \begin{bmatrix} 0 & 1 & 0 & -1 & 0 & 1 & -1 & -1 & 1 \\ 0 & 0 & 1 & 0 & -1 & 1 & 1 & -1 & -1 \end{bmatrix}$$

Pour un problème fluide tridimensionnel, utilisant un réseau à 15 vitesses discrètes $\overrightarrow{e}_{k=0,14}$, nous avons:

$$[\overrightarrow{e}]_k = [\overrightarrow{e}_0, \overrightarrow{e}_1, \overrightarrow{e}_2, \overrightarrow{e}_3, \overrightarrow{e}_4, \overrightarrow{e}_5, \overrightarrow{e}_6, \overrightarrow{e}_7, \overrightarrow{e}_8, \overrightarrow{e}_9, \overrightarrow{e}_{10}, \overrightarrow{e}_{11}, \overrightarrow{e}_{12}, \overrightarrow{e}_{13}, \overrightarrow{e}_{14}]$$
$$= \begin{bmatrix} 0 & 1 & 0 & 0 & -1 & 0 & 0 & 1 & -1 & 1 & 1 & -1 & 1 & -1 & -1 \\ 0 & 0 & 1 & 0 & 1 & -1 & 0 & 1 & 1 & -1 & 1 & -1 & -1 & 1 & -1 \\ 0 & 0 & 0 & 1 & 0 & 0 & -1 & 1 & 1 & 1 & -1 & -1 & -1 & -1 & 1 \end{bmatrix}$$

Un réseau d'étude $DnQm$ est caractérisé, donc, par des vitesses de connections discrètes $\overrightarrow{e}_{k=0,m-1}$, il est aussi caractérisé par une vitesse du son c_s du réseau et des facteurs de pondération $w_{k=0,m-1}$, ces paramètres définissent parfaitement la fonction de distribution d'équilibre qui sera discutée à la section suivante. Le tableau **2.1** présente les caractéristiques des modèles les plus employés par la méthode LBM pour des problèmes 1D, 2D et 3D. Le réseau D2Q9 est schématisé sur la figure **2.3**, la vitesse $\overrightarrow{e}_0$ est placée au centre de la maille.

2.5.2 Fonction de distribution d'équilibre et variables macroscopiques

Bien qu'historiquement l'équation de Boltzmann LBE dérive de son ancêtre LGA (lattice gas automata) ou méthode des robots (automates) cellulaires, il a été démontré par He et Luo [13] que l'équation LBE peut dériver rigoureusement de la théorie cinétique des gaz (c'est-à-dire l'équation de Boltzmann) et que nous pouvons, en utilisant l'approximation BGK, remonter aux équations de Navier-Stokes. Cette dernière fera l'objet de la section 2.5.7.

Nous allons ici démontrer l'équation LBE-BGK en partant de la fonction de distribution de Maxwell-Boltzmann définie par:

Modèle	D1Q3	D2Q9	D3Q15	D3Q19
c_s^2	1/3	1/3	1/3	1/3
w_k	$2/3^\circ$ $1/6^+$	$4/9^\circ$ $1/9^+$ $1/36^\times$	$2/9^\circ$ $1/9^+$ $1/72^\times$	$1/3^\circ$ $1/18^+$ $1/36^\times$
$\overrightarrow{e}_k$				

Tableau 2.1: Propriétés des modèles LBM couramment utilisés. Les exposants o, + et x signifient respectivement: particules au repos, particules se déplaçant le long des axes et particules se déplaçant diagonalement.

$$f^{(0)} = \frac{\rho}{(2\pi RT)^{D/2}} \exp\left(-\frac{(\overrightarrow{\zeta} - \overrightarrow{u})^2}{2RT}\right) \qquad (2.9)$$

Où R est la constante des gaz, T sa température et D est la dimension du problème (ou degré de liberté de particules)

Intégrons l'équation (2.6), sans terme force, sur un intervalle de temps Δt, on a:

$$f(\overrightarrow{x} + \overrightarrow{\zeta}\Delta t, \overrightarrow{\zeta}, t + \Delta t) = e^{-\Delta t/\lambda}\left(f(\overrightarrow{x}, \overrightarrow{\zeta}, t) + \frac{1}{\lambda}\int_0^{\Delta t} e^{t'/\lambda} f^{(0)}(\overrightarrow{x} + \overrightarrow{\zeta}t', \overrightarrow{\zeta}, t + t')dt'\right) \qquad (2.10)$$

En supposant que Δt est faible on a $e^{-\Delta t/\lambda} = 1 - \Delta t/\lambda + O(\Delta t^2)$ et en négligeant les termes en $O(\Delta t^2)$ dans le terme en intégrale de l'équation (2.10), on a:

$$f(\overrightarrow{x} + \overrightarrow{\zeta}\Delta t, \overrightarrow{\zeta}, t + \Delta t) - f(\overrightarrow{x}, \overrightarrow{\zeta}, t) = -\frac{1}{\tau}\left(f(\overrightarrow{x}, \overrightarrow{\zeta}, t) - f^{(0)}(\overrightarrow{x}, \overrightarrow{\zeta}, t)\right) \qquad (2.11)$$

Sachant que $\tau = \lambda/\Delta t$.

Le développement en série de Taylor de $f^{(0)}$ à l'ordre 2 suffit pour remonter au équations de Navier-Stokes. Nous adoptons pour la suite la notation f^{eq} au lieu de $f^{(0)}$, nous avons:

$$f^{eq} = \frac{\rho}{(2\pi RT)^{D/2}} \exp\left(-\frac{\overrightarrow{\zeta}^2}{2RT}\right)\left[1 + \frac{\overrightarrow{\zeta}.\overrightarrow{u}}{RT} + \frac{1}{2}\frac{\left(\overrightarrow{\zeta}.\overrightarrow{u}\right)^2}{(RT)^2} - \frac{1}{2}\frac{\overrightarrow{u}^2}{RT}\right] \qquad (2.12)$$

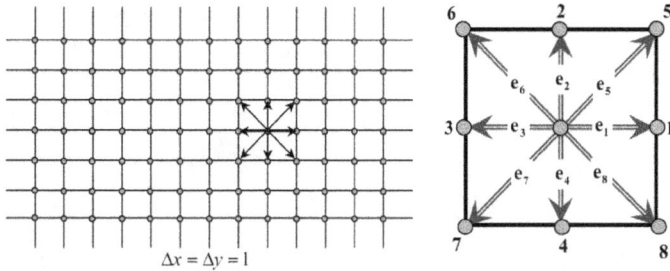

Figure 2.3: Schéma de réseau discrétisé par le modèle D2Q9. A gauche: réseau LB standard et à droite: modèle D2Q9.

Les variables hydrodynamiques sont les moments de la fonction de distribution f, soit:

$$\begin{pmatrix} \rho \\ \rho\overrightarrow{u} \\ \rho\varepsilon \end{pmatrix} = \int \begin{pmatrix} f \\ \overrightarrow{\zeta} f \\ \frac{1}{2}(\overrightarrow{\zeta} - \overrightarrow{u})^2 f \end{pmatrix} = \int \begin{pmatrix} f^{eq} \\ \overrightarrow{\zeta} f^{eq} \\ \frac{1}{2}(\overrightarrow{\zeta} - \overrightarrow{u})^2 f^{eq} \end{pmatrix} \qquad (2.13)$$

Où $\varepsilon = \frac{DRT}{2}$.

Pour évaluer numériquement ces variables hydrodynamiques nous avons à discrétiser les espaces de moment $\overrightarrow{\zeta}$,

$$\int \psi(\overrightarrow{\zeta}) f^{eq}(\overrightarrow{x}, \overrightarrow{\zeta}, t) = \sum_k W_k \, \psi(\overrightarrow{\zeta}_k) \, f_k^{eq}(\overrightarrow{x}, \overrightarrow{\zeta}_k, t) \qquad (2.14)$$

Avec de telle discrétisation, les variables hydrodynamiques sont aproximées par une formule de quadrature d'un certain degré de precision, soient donc:

$$\begin{pmatrix} \rho \\ \rho\overrightarrow{u} \\ \rho\varepsilon \end{pmatrix} = \sum_k \begin{pmatrix} f_k \\ \overrightarrow{\zeta}_k f_k \\ \frac{1}{2}(\overrightarrow{\zeta}_k - \overrightarrow{u})^2 f_k \end{pmatrix} = \sum_k \begin{pmatrix} f_k^{eq} \\ \overrightarrow{\zeta}_k f_k^{eq} \\ \frac{1}{2}(\overrightarrow{\zeta}_k - \overrightarrow{u}) f_k^{eq} \end{pmatrix} \qquad (2.15)$$

Les intégrales de l'équation (2.14) peuvent être évaluées par la quadrature de Gauss [14] comme suit:

$$\int \psi(\overrightarrow{\zeta}) \exp\left(-\frac{\overrightarrow{\zeta}^2}{2RT}\right) d\overrightarrow{\zeta} = \sum_k W_k \, \psi(\overrightarrow{\zeta}_k) \, \exp\left(-\frac{\overrightarrow{\zeta}_k^2}{2RT}\right) \qquad (2.16)$$

- 57 -

Dans ce qui suit on utilisera le réseau $D2Q9$. Nous pouvons mettre le polynôme $\psi(\overrightarrow{\zeta})$ sous la forme $\psi(\overrightarrow{\zeta}) = \zeta_x^m \zeta_y^n$, où ζ_x et ζ_y sont les composantes de $\overrightarrow{\zeta}$. L'intégrale de l'équation (2.14) peut être mise sous la forme:

$$I = (2RT)^{m+n+2} \, I_m \, I_n \tag{2.17}$$

Où $I_m = \displaystyle\int_{-\infty}^{+\infty} e^{-\xi^2} \xi^m d\xi$ et $\xi = \zeta_{x,y}/\sqrt{2RT}$, et pour évaluer I_m nous utilisons la quadrature d'Hermite [14] de troisième ordre, càd $I_m = \sum_{i=1,3} w_i \, \xi_i^m$. Les trois abscisses qui en sortent sont $\xi_1 = -\sqrt{3/2}$, $\xi_2 = 0$ et $\xi_3 = \sqrt{3/2}$ et les coéfficient de pondération correspondant sont $w_1 = \sqrt{\pi}/6$, $w_2 = 2\sqrt{\pi}/3$ et $w_3 = \sqrt{\pi}/6$.

L'intégrale de l'équation (2.17) devient:

$$I = 2RT \, w_2^2 \psi(0) + \sum_{i=1,4} w_1 w_2 \, \psi(\overrightarrow{\zeta}_k) + \sum_{i=5,8} w_1^2 \psi(\overrightarrow{\zeta}_k) \tag{2.18}$$

Où $\overrightarrow{\zeta}_k$ est un vecteur vitesse nul pour $k = 0$, égale à $\sqrt{3RT}(\pm 1, 0)$ et $\sqrt{3RT}(0, \pm 1)$ pour $k = 1 - 4$ et égale à $\sqrt{3RT}(\pm 1, \pm 1)$ pour $k = 5 - 8$.

Le domaine est discrétisé en des carées d'unité réseau $\delta x = \sqrt{3RT}\delta t$. Si en plus nous sommes intéressés par des problèmes isothermes alors T n'aura pas de signification et nous pouvons ainsi choisir δx pour être une quantité fondamentale, soit $\sqrt{3RT} = c = \delta x/\delta t$, ou bien $RT = c^2/3 = c_s^2$, où c_s désigne la vitesse du son du réseau. D'habitude 'c' est prise égale à l'unité, donc $c_s^2 = 1/3$ pour le réseau D2Q9.

En comparant les équations (2.16) et (2.18) nous pouvons identifier les coéfficients W_k, soit:

$$W_k = 2\pi RT \exp\left(\frac{\overrightarrow{\zeta}_k^2}{2RT}\right) \omega_k \tag{2.19}$$

Où ω_k sont données au tableau **2.1**.

La fonction de distribution d'équilibre de l'équation (2.12) devient donc:

$$f^{eq}(\overrightarrow{x}, \overrightarrow{e}_k, t) = W_k \, f_k^{eq}(\overrightarrow{x}, \overrightarrow{\zeta}_k, t) = \omega_k \rho \left(1 + \frac{3\overrightarrow{e}_k.\overrightarrow{u}}{c^2} + \frac{9}{2}\frac{(\overrightarrow{e}_k.\overrightarrow{u})^2}{c^4} - \frac{1}{2}\frac{\overrightarrow{u}^2}{c^2}\right) \tag{2.20}$$

Où les $\overrightarrow{e}_k$ sont définis à la section 2.5.1.

L'équation (2.7) peut maintenant être résolue numériquement. La dérivation de la fonction d'équilibre des autres modèles peut se faire avec la même procédure.

2.5.3 Processus de collision-propagation

L'équation (2.8) comporte deux termes, un terme de collision et un terme de propagation, soit:

$$\underbrace{f_k(\overrightarrow{x} + \overrightarrow{e}_k\Delta t, t + \Delta t)}_{\text{Terme de propagation}} = \underbrace{f_k(\overrightarrow{x}, t) - \frac{1}{\tau}[f_k - f_k^{eq}]}_{\text{Terme de collision}} \qquad (2.21)$$

son implémentation se fait en deux étapes:

$$\begin{aligned} &\text{Etape de collision: } \widetilde{f}_k(\overrightarrow{x}, t) = f_k(\overrightarrow{x}, t) - \tfrac{1}{\tau}[f_k(\overrightarrow{x}, t) - f_k^{eq}(\overrightarrow{x}, t)] \\ &\text{Etape de propagation: } f_k(\overrightarrow{x} + \overrightarrow{e}_k\Delta t, t + \Delta t) = \widetilde{f}_k(\overrightarrow{x}, t) \end{aligned} \qquad (2.22)$$

Où f_k et $\widetilde{f}_k$ désignent valeurs avant et après collision respectivement. Il est bien remarqué ici que l'étape de collision est purement locale et que l'étape de propagation est un simple décalage uniforme de l'information qui ne nécessite pas de grand effort de calcul.

2.5.4 Viscosité

La viscosité v (en unité réseau) dans la méthode LBM est liée au temps de relaxation τ par la relation (qui sera démontré à la section 2.5.7):

$$v = (\tau - 0.5)c_s^2\Delta t \qquad (2.23)$$

La viscosité est positive ce qui impose le choix de $\tau > 0.5$. Cependant dans des la majorité des problèmes étudiés la viscosité est liée aux paramètres moteurs de l'écoulement (nombre de Reynolds, nombre de Rayleigh,...). Un mauvais choix de la valeur de la viscosité peut induire des oscillations non physiques à l'écoulement. Cette contrainte est l'inconvénient majeur de la méthode LBM.

2.5.5 Incorporation du terme force

Plusieurs travaux ont été menés pour donner pour l'incorporation du terme force défini à l'équation (2.7) la forme la plus appropriée. L'équation LB la plus employée, en présence du terme force, est donnée par:

$$f_k(\overrightarrow{x} + \overrightarrow{e}_k\Delta t, t + \Delta t) = f_k(\overrightarrow{x}, t) - \frac{1}{\tau}[f_k - f_k^e] + \Delta t\, F_k \qquad (2.24)$$

Luo [15] a proposé la forme suivante:

$$F_k = -3\omega_k\rho\,\overrightarrow{e}_k.\overrightarrow{F}/c^2 \qquad (2.25)$$

Buick et al [16] ont revu quelques techniques tenant compte du terme force et ont conclu que de meilleurs résultats peuvent être obtenus en adoptant la forme suivante:

$$F_k = 4/c^2(1 - 1/2\tau)\overrightarrow{e}_k.\overrightarrow{F}$$ (2.26)

et que la vitesse macroscopique doit être redéfinie au contraire de l'équation (2.15), soit:

$$\rho\overrightarrow{u} = \sum_{k=0,8} \overrightarrow{e}_k f_k + \frac{\overrightarrow{F}\Delta t}{2}$$ (2.27)

Guo et al. [17] ont étudié plusieurs approches traitant le même sujet et ont démontré analytiquement que la forme adéquate pour le terme force doit être

$$F_k = \omega_k(1 - 1/2\tau)\left(\frac{\overrightarrow{e}_k - \overrightarrow{u}}{c_s^2} + \frac{(\overrightarrow{e}_k.\overrightarrow{u})}{c_s^4}\overrightarrow{e}_k\right).\overrightarrow{F}$$ (2.28)

et la vitesse est calculée par l'équation (2.27). L'auteur a démontré que loin de cette forme, des effets discrets du réseau peuvent altérer l'exactitude numérique des résultats. L'application de ce modèle à deux problèmes différents (écoulement laminaire de Poiseuille entraîné par un gradient de pression et un écoulement 2D transitoire de Taylor vortex) a montré qu'il fournit les meilleurs résultats par comparaison aux autres modèles.

Il a été démontré récemment par Mohamad et al. [18] dans un benchmark sur un problème de convection naturelle que le modèle de l'équation (2.25) fournit également de bons résultats.

2.5.6 Conditions aux limites

Le traitement des conditions aux limites dans la méthode LBM est de grande importance, puisqu'il influencera l'exactitude et la stabilité du calcul [19-24]. La difficultés provient du fait qu'il n'existe aucune intuition physique sur le comportement de la fonction de distribution de vitesses sur des frontières. Aux frontières nous n'avons que juste l'information macroscopique (par exemple CL de non-glissement) et nous devons traduire cette information sur les fonctions de distribution aux frontières de manière à satisfaire les conditions aux limites spécifiées. De ce fait, il n'y pas de règle unique et les auteurs proposent différentes solutions.

Cette discussion est faites sur la base de l'exemple du modèle bidimensionnel D2Q9 schématisé sur la figure 2.3. Nous supposons que le domaine est subdivisé en une grille de $n \times m$ carrés de réseau, c'est-à-dire $n + 1$ nœuds sur les axes horizontaux et $m + 1$ nœuds sur les axes verticaux. Aux frontières, les fonctions de distribution f_k sortantes

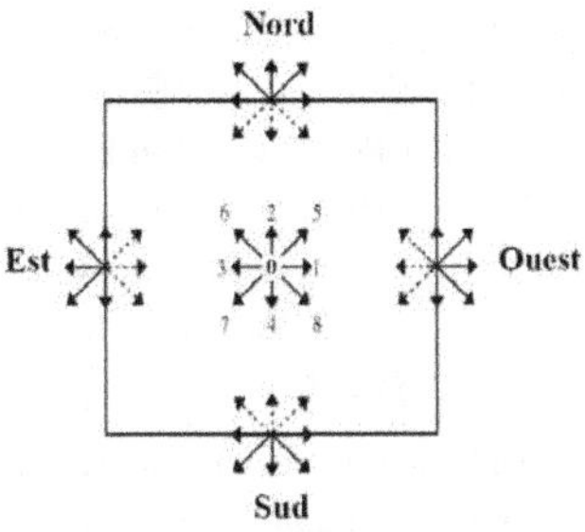

Figure 2.4: Représentation schématique du mouvement de particules le long des vitesses discrètes pour le modèle bidimensionnel D2Q9. Aux frontières, lignes continues pour les distributions connues (sortantes) et lignes discontinues pour distributions inconnues (entrantes).

(vecteurs en lignes continues sortant du domaine) sont connues et celles parallèles aux frontières sont déterminées par le processus de propagation. Cependant, les fonctions de distribution f_k entrantes (vecteurs en lignes discontinues entrant au domaine) restent inconnues. Nous discutons dans cette section les techniques les plus employées dans le traitement conditions aux limites dans la méthode LBM. Ces différentes techniques sont classées en deux grandes familles, selon que la frontière est à nœud mouillé (appartient au fluide, dite aussi frontière libre) ou non (frontière solide).

Frontière à nœud mouillé:

Les frontières à nœud mouillé dénotent les entrées/sorties, les frontières périodiques, les lignes de symétrie et l'infini. Les conditions de frontière libres employées généralement regroupent:

• **Les lignes de symétrie**: Si la frontière Sud de la figure **2.3** est une ligne de symétrie, alors les fonctions de distribution $f_{k=2,5,6}$ sont inconnues et seront déterminées comme suit:

$$f_2(i,0) = f_4(i,0), \; f_5(i,0) = f_8(i,0) \text{ et } f_6(i,0) = f_7(i,0) \qquad (2.29)$$

Cette solution a été utilisée avec succès par Peng et al. [**25**] dans un problème de croissance cristalline en configuration de Czochralski et a permis d'obtenir de bons résultats.

• **Les frontières périodiques**: Cette condition est la plus simple à implémenter. Elle est appliquée directement aux fonctions de distribution et non pas aux variables macroscopiques, celà signifie que les quantités sortantes d'une frontières (exemple Ouest) viennent entrer de la frontière opposée (Est). Dans ce cas, les quantités $f_{k=1,5,8}$ sortent de l'Ouest et rentrent en Est. Tandisque les quantités $f_{k=3,6,7}$ qui sortent de l'Est viennent rentrer de l'Ouest. Un terme force uniforme ou un gradient de pression constant peuvent être inclus dans cette condition. Nous avons donc:

$$f_k(0,j) = f_{\overline{k}}(n,j) - \omega_k \frac{3}{c^2} \frac{dp}{dx} e_{k,x} \tag{2.30}$$

Où k et $\overline{k}$ et $e_{k,x}$ désignent respectivement la direction du vecteur vitesse discrète e_k, son opposée et la composante horizontale du vecteur pour les distributions inconnues.

• **Les frontières infinies ou d'extrapolation**: Au contraire de la frontière périodique, on peut employer la solution de dérivée nulle pour les frontières d'extrapolation (cette condition sera utilisée au chapitre 4). Nous supposons que les frontières Nord et Ouest sont des frontières d'extrapolation, elles sont exprimées pour la variable macroscopique par $\partial \overrightarrow{u}/\partial \overrightarrow{n} = 0$. La solution retenue pour la frontière Nord est:

$$f_{k=4,7,8}(i,m) = f_{k=4,7,8}(i, m-1) \tag{2.31}$$

et celle pour la frontière Ouest est:

$$f_{k=3,6,7}(n,j) = f_{k=3,6,7}(n-1,j) \tag{2.32}$$

Dans certains cas, pour de grands rapports de forme (exemple > 20 dans un écoulement dans un canal), on adopte la solution

$$f_{k=4,7,8}(i,m) = 2\ f_{k=4,7,8}(i,m-1) - f_{k=4,7,8}(i,m-2) \tag{2.33}$$

pour la frontière Nord et

$$f_{k=3,6,7}(n,j) = 2\ f_{k=3,6,7}(n-1,j) - f_{k=3,6,7}(n-2,j) \tag{2.34}$$

pour la frontière Ouest. Cependant cette solution n'assure pas la stabilité du schéma numérique pour les faibles rapports de forme.

• **Les frontières d'entrée/sortie**: Supposant maintenant que la frontière Est est une frontière d'entrée (admission). Dans ce cas, les quantités u_x, u_y et $f_{k=0,1,2,4,5,8}$ sont connues et les quantités ρ, $f_{k=3,6,7}$ sont indéterminées. L'idée est originelle de Zou et al. [24] et est de façon plus générale résolue par le système d'équations suivant:

$$\begin{aligned}
&(a): \rho = \sum_{k=0,8} f_k \\
&(b): \rho u_x = \sum_{k=1,8} f_k e_{k,x} \\
&(c): \rho u_y = \sum_{k=1,8} f_k e_{k,y} \\
&(d): f_k^{neq}|_{normale} = f_{\overline{k}}^{neq}|_{normale}
\end{aligned} \tag{2.35}$$

L'équation (2.35-d) signifie rebond de la partie non équilibrée de la particule impactant normalement sur la frontière. Dans notre cas, le système (2.35) donne:

$$
\begin{aligned}
&(a): \rho = \frac{1}{1-u_x}[f_0 + f_2 + f_4 + 2(f_3 + f_6 + f_7)] \\
&(b): f_5 = f_7 - \frac{1}{2}(f_2 - f_4) + \frac{1}{6}\rho u_x + \frac{1}{2}\rho u_y \\
&(c): f_8 = f_6 + \frac{1}{2}(f_2 - f_4) + \frac{1}{6}\rho u_x - \frac{1}{2}\rho u_y \\
&(d): f_1 = f_3 + \frac{2}{3}\rho u_x
\end{aligned}
\tag{2.36}
$$

Le système d'équations (2.35) peut être appliqué facilement aux autres frontières. Plus de détails sont disponibles en [22,24].

Frontière mur/rigide:

La condition frontière rigide la plus simple et la plus commune en LBM est la condition de rebond. Quand une particule heurte une frontière rigide, elle rebrousse chemin dans la même direction d'arrivée. C'est à dire, si la frontière Nord est un mur fixe par rapport à l'écoulement fluide on a:

$$
f_4(i,m) = f_2(i,m), \ f_8(i,m) = f_6(i,m) \text{ et } f_7(i,m) = f_5(i,m)
\tag{2.37}
$$

Plus généralement, cette solution s'appelle "rebond à plein trajet" et est exprimée par $f_k = f_{\overline{k}}$, où k et $\overline{k}$ sont deux directions opposées sur la frontières. Cette solution de traîtement est très simples et mène à la conservation de la masse et la quantité de mouvement. Cependant, il a été démontré en [26-27] que toutes ces conditions aux limites produisent des vitesses de glissement non nulles et que cette solution est juste de premier ordre. Ceci va altérer la propriétés du second ordre en précision de la méthode LB. Pour le rebond à plein trajet, la vitesse de glissement induite est donnée par $u_g = \frac{2u_c}{3n^2}[(2\tau - 1)(4\tau - 3) - 3n] = O(1/n)$, où u_c est la vitesse centrale (voir [26]), τ est le temps de relaxation et n est la résolution du maillage. Plusieurs autres approches ont été adoptées parallèlement à cette solution et qui sont du second ordre, tel que le "rebond à mi-trajet" qui produit une vitesse de glissement donnée par $u_g = \frac{u_c}{3(n-1)^2}[4\tau(4\tau - 5) + 3] = O(1/n^2)$, et le rebond de la partie non équilibrée [24]. Mentionnons qu'il existe d'autres solutions de traitement des conditions aux limites de types frontière rectiligne (mur) et curviligne (voir [5])

2.5.7 Développement multiéchelle de Chapman-Enskog

La procédure de Chapman-Enskog a été utilisée pour résoudre l'équation du transport de Boltzmann

Soit ϵ un paramètre (très petit de l'ordre de l'unité de temps) dans l'espace physique, il peut jouer le rôle du nombre de Knudsen. La procédure de Chapman-

Enskog consiste à l'introduction de différents échelles de temps $t_k = \epsilon^k\ t$ et d'espace $x_k = \epsilon^k\ x$ $(k \geqslant 1)$ pour différencier entre l'échelle de temps Boltzmann et l'échelle de temps d'Euler (entre autre). Nous avons donc:

$$\frac{\partial}{\partial t} = \epsilon \frac{\partial}{\partial t_1} + \epsilon^2 \frac{\partial}{\partial t_2} + ... \text{ et } \nabla_x = \epsilon \nabla_{x1} + ..., \tag{2.38}$$

$$D_k = \frac{\partial}{\partial t} + e_k\ .\nabla_x = \epsilon \left(\frac{\partial}{\partial t_1} + e_k\ .\nabla_{x1} \right) + \epsilon^2 \frac{\partial}{\partial t_2} + o(\epsilon^2) \tag{2.39}$$

et

$$f_k = f_k^{(0)} + \epsilon f_k^{(1)} + \epsilon^2 f_k^{(2)} + ... \tag{2.40}$$

Où $f_k^{(0)} = f_k^{eq}$ la partie équilibrée de f_k et $f_k^{neq} = \epsilon f_k^{(1)} + \epsilon^2 f_k^{(2)}$ sa partie non-équilibrée.

En appliquant le développement de Taylor en Δt à l'équation (2.9), on obtient:

$$f_k(\overrightarrow{x} + \Delta \overrightarrow{x}, t + \Delta t) - f_k(\overrightarrow{x}, t) = \left[f_k + \Delta t\ D_k\ (f_k) + \frac{\Delta t^2}{2}\ D_k^2\ (f_k) + O(\Delta t^3) - f_k \right] \tag{2.41}$$

ce qui donne

$$f_k(\overrightarrow{x} + \Delta \overrightarrow{x}, t + \Delta t) - f_k(\overrightarrow{x}, t) = \left[D_k\ (f_k) + \frac{\Delta t}{2}\ D_k^2\ (f_k) + O(\Delta t^2) \right] \Delta t \tag{2.42}$$

Remplaçons les équations (2.40) et (2.42) dans l'équation (2.8), nous obtenons:

$$\left(D_k\ + \frac{\Delta t}{2}\ D_k^2\ + O(\Delta t^2) \right) \left[f_k^{(0)} + \epsilon f_k^{(1)} + \epsilon^2 f_k^{(2)} + o(\epsilon^2) \right] = \\ -\frac{1}{\tau \Delta t} \left[f_k^{(0)} + \epsilon f_k^{(1)} + \epsilon^2 f_k^{(2)} + o(\epsilon^2) - f_k^{eq} \right] \tag{2.43}$$

Sachant que

$$D_k\ + \frac{\Delta t}{2} D_k^2\ + O(\Delta t^2) \approx \epsilon \left(\frac{\partial}{\partial t_1} + e_k\ .\nabla_{x1} \right) + \epsilon^2 \frac{\partial}{\partial t_2} + \frac{\Delta t}{2} \epsilon^2 \left(\frac{\partial}{\partial t_1} + e_k\ .\nabla_{x1} \right)^2 + \\ O(\epsilon^2 + \Delta t^2) = D_{k,1} + \frac{\Delta t}{2} D_{k,2} + \epsilon^2 \frac{\partial}{\partial t_2} + O(\epsilon^2 + \Delta t^2) \tag{2.44}$$

Nous collectons les termes de même ordre en ϵ et nous retenons les termes d'ordres inférieurs à 2, nous obtenons une serie d'équations de Boltzmann pour différentes échelles de temps.

$$\begin{aligned} (a) \quad & \epsilon^0 : f_k^{(0)} = f_k^{eq} + O(\Delta t^2) \\ (b) \quad & \epsilon^1 : D_{k,1} \left(f_k^{(0)} \right) = -\frac{1}{\tau \Delta t} f_k^{(1)} + O(\Delta t^2) \\ (c) \quad & \epsilon^2 : \frac{\partial f_k^{(0)}}{\partial t_2} + D_{k,1} \left(f_k^{(1)} \right) + \frac{\Delta t}{2} D_{k,2} \left(f_k^{(0)} \right) = -\frac{1}{\tau \Delta t} f_k^{(2)} + O(\Delta t^2) \end{aligned} \tag{2.45}$$

Réécrivons l'équation (2.45-c) en tenant compte de (2.45-b), on obtient:

$$\frac{\partial f_k^{(0)}}{\partial t_2} + \left(1 - \frac{1}{2\tau}\right) D_{k,1}\left(f_k^{(1)}\right) = -\frac{1}{\tau \Delta t} f_k^{(2)} + O(\Delta t^2) \qquad (2.46)$$

Nous obtenons le nouveau système d'équations:

$$\begin{array}{ll}
(a) & \epsilon^0 : f_k^{(0)} = f_k^{eq} + O(\Delta t^2) \\
(b) & \epsilon^1 : D_{k,1}\left(f_k^{(0)}\right) = -\frac{1}{\tau \Delta t} f_k^{(1)} + O(\Delta t^2) \\
(c) & \epsilon^2 : \frac{\partial f_k^{(0)}}{\partial t_2} + \left(1 - \frac{1}{2\tau}\right) D_{k,1}\left(f_k^{(1)}\right) = -\frac{1}{\tau \Delta t} f_k^{(2)} + O(\Delta t^2)
\end{array} \qquad (2.47)$$

Calculons les moments d'ordre zéro des équations (2.47-b) et (2.47-c) en sommons sur l'indice k:

$$\begin{array}{ll}
(a) & \frac{\partial \rho}{\partial t_1} + \nabla_1(\rho \vec{u}) = O(\Delta t^2) \\
(b) & \frac{\partial \rho}{\partial t_2} = O(\Delta t^2)
\end{array} \qquad (2.48)$$

Multiplions l'équation (2.48-a) par ϵ et (2.48-b) par ϵ^2 et sommons, celà donne l'équation de continuité:

$$(\epsilon \frac{\partial}{\partial t_1} \epsilon^2 \frac{\partial}{\partial t_2})\rho + \epsilon \nabla_1(\rho \vec{u}) = \frac{\partial \rho}{\partial t} + \nabla(\rho \vec{u}) = 0 \qquad (2.49)$$

Maintenant, calculons les moments d'ordre zéro des équations (2.47-b) et (2.47-c) en sommant sur l'indice k:

$$\begin{array}{ll}
(a) & \frac{\partial(\rho \vec{u})}{\partial t_1} + \nabla_1 \overset{(0)}{\underset{xy}{\prod}} = O(\Delta t^2) \\
(b) & \frac{\partial(\rho \vec{u})}{\partial t_2} + \left(1 - \frac{1}{2\tau}\right) \nabla_1 \sum_k \vec{e}_{k,x} \vec{e}_{k,y} f_k^{(1)} = O(\Delta t^2)
\end{array} \qquad (2.50)$$

Avec

$$\sum_k \vec{e}_{k,x} \vec{e}_{k,y} f_k^{(1)} = \sum_k \vec{e}_{k,x} \vec{e}_{k,y}(-\tau \Delta t) D_{k,1}\left(f_k^{(0)}\right) = -\tau \Delta t \left(\frac{\partial}{\partial t_1} \overset{(0)}{\underset{xy}{\prod}} + \nabla_1 \overset{(1)}{\underset{xy}{\prod}}\right)$$

sachant que $\overset{(0)}{\underset{xy}{\prod}} = \sum_k \vec{e}_{k,x} \vec{e}_{k,y} f_k^{(0)} = \rho u_x u_y + \rho c_s^2 I$ et

$$\overset{(1)}{\underset{xy}{\prod}} = \sum_k \vec{e}_{k,x} \vec{e}_{k,z} f_k^{(0)} = \rho c_s^2 (\delta_{xy} u_z + \delta_{yz} u_x + \delta_{zx} u_y)$$

Donc l'équation (2.50-a) devient:

$$\frac{\partial(\rho \vec{u})}{\partial t_1} + \nabla_1 \left(\rho u_x u_y + \rho c_s^2 I\right) = O(\Delta t^2) \qquad (2.51)$$

et après avoir négligé les termes en $O(u^2)$ càd $O(Ma^2)$ l'équation (2.50-b) devient:

$$\frac{\partial(\rho \vec{u})}{\partial t_2} - \left(\tau - \frac{1}{2}\right)(c_s^2 \Delta t)\nabla_1^2(\rho \vec{u}) = O(\Delta t^2 + Ma^2) \qquad (2.52)$$

Multiplions l'équation (2.51) par ϵ et (2.52) par ϵ^2 et sommons, donne l'équation de la quantité de mouvement:

$$\frac{\partial(\rho\overrightarrow{u})}{\partial t} + \nabla\left(\rho u_x u_y\right) = -\nabla p + \upsilon\nabla^2(\rho\overrightarrow{u}) \qquad (2.53)$$

Avec $p = \rho c_s^2$ est la pression, donc obéit à une équation d'état du type gaz parfait et υ est la viscosité cinématique définie par la relation $\upsilon = \left(\tau - \frac{1}{2}\right)c_s^2\Delta t = \frac{1}{3}\left(\tau - \frac{1}{2}\right)\Delta x^2/\Delta t$.

2.6 Hydrodynamique LBM

La dérivation des équations de Navier-Stokes incompressibles à la section précédente fait intervenir le nombre de Mach ($Ma = |u|/c_s$), l'erreur de troncature est de l'ordre de $O(Ma^2)$. Cette contrainte restreint l'utilisation du modèle BGK au écoulements incompressibles. Cependant, la méthode LBM résout, originalement, des problèmes compressibles. Plusieurs travaux ont été conduits pour réduire ou éliminer la compressibilité introduite par le schéma LBM lui même (choix de la densité d'équilibre par exemple) ou des compressibiltés artificièlles dues à la procédure de discétisation. Les modèles développés les plus employés dans la dynamique des fluides par la méthode LBM sont les suivants:

2.6.1 Modèle complètement incompressible

Ce modèle est dû à Guo et al. [29], l'idée est basée sur le fait que le modèle LBGK est un schéma artificiellement compressible et utilisé pour résoudre les équations de Navier-Stokes incompressibles dans les limites de densité quasi-constante. L'auteur procède à une redéfinition de la fonction de distribution d'équilibre basée sur la pression. Le modèle a prouvé une amélioration de la stabilité même pour des temps de relaxation très proches de 0.5. Le modèle a été utilisé pour la simulation d'écoulements turbulents [30] et a permis l'obtention de bons résultats par comparaison à la méthode de volumes finis. La fonction de distribution d'équilibre est exprimée par:

$$f_k^{eq} = \begin{cases} -4\sigma\frac{p}{c^2} + s_0(\overrightarrow{u}), & k = 0 \\ \lambda\frac{p}{c^2} + s_k(\overrightarrow{u}), & k = 1-4 \\ \gamma\frac{p}{c^2} + s_k(\overrightarrow{u}), & k = 5-8 \end{cases} \qquad (2.54)$$

Avec $s_k(\overrightarrow{u}) = \omega_k\left(\frac{3\overrightarrow{e}_k.\overrightarrow{u}}{c^2} + \frac{9}{2}\frac{\left(\overrightarrow{e}_k.\overrightarrow{u}\right)^2}{c^4} - \frac{1}{2}\frac{\overrightarrow{u}^2}{c^2}\right)$ et $(\sigma, \lambda, \gamma) = (5/12, 1/3, 1/12)$.
Les variables macroscopiques, pression et vitesse, sont calculées comme suit:

$$\begin{cases} p = \frac{c^2}{4\sigma}[\sum_{k=0,8} f_k + s_0(\overrightarrow{u})] \\ \overrightarrow{u} = \sum_{k=0,8} f_k \overrightarrow{e}_k \end{cases} \quad (2.55)$$

2.6.2 Modèle incompressible de He et Luo

Dans ce modèle, dû à He et Luo [31], les effects de compressibilité sont réduites effectivement par élimination des termes en $o(Ma^2)$ au cours la dérivation des équations de Navier-Stokes. La fonction de distribution d'équilibre de ce modèle est exprimée par:

$$f_k^{eq} = \omega_k \rho + \rho_0 s_k(\overrightarrow{u}), \quad k = 0 - 8 \quad (2.56)$$

et les variables macroscopiques sont déduites par:

$$\begin{cases} \rho = \sum_{k=0,8} f_k \\ \rho_0 \overrightarrow{u} = \sum_{k=0,8} f_k \overrightarrow{e}_k \end{cases} \quad (2.57)$$

2.6.3 Modèle compressible conventionnel

C'est le modèle de l'équation (2.20), il est la base de la plus part des travaux basés sur la méthode LB. Théoriquement, les modèles de Guo et al. [29] et celui de He et Luo [31] sont les plus appropriés pour des écoulements laminaires ou transitoires. Cependant le modèle compressible conventionnel a été employé avec succès dans de nombreuses applications complexes (laminaire et transitoire) et a permis l'obtention de bons résultats [32,33].

2.7 Modèles LBM thermiques

2.7.1 Extension aux écoulements non-isothermes

La méthode LBM a été utilisée au début pour des problèmes d'hydrodynamique. L'extension vers les écoulements non isothermes a été limitée au début à des nombres de Prandtl fixés, Pr=1. Un des premiers modèles est l'approche multi-vitesses (multi-speed approach). Les difficultés rencontrées sont généralement la limitation et particulièrement l'emploi des termes d'ordres supérieurs dans la fonction de distribution d'équilibre, des vitesses additionnelles sont nécessaires pour calculer la température, juste la distribution de la densité est utilisée [34]. Les problèmes d'instabilités numériques et la gamme étroite de la variation de la température limitent son domaine d'application. D'autres efforts ont été, ensuite, menés pour des nombres de Prandtl

arbitraire [35]. L'approche du scalaire passif fournit une solution alternative employ-
ant une fonction de distribution séparée. Les problèmes thermiques sont ainsi résolus
par une double-population permettant l'emploi de nombre de Prandtl arbitraire.

2.7.2 Modèle du scalaire passif

L'approche scalaire passif utilise le fait que la température macroscopique satisfait
la même équation d'évolution qu'une grandeur scalaire passive si la dissipation thermique et les travaux de compression dus à la pression sont négligeables [36]. Le modèle
thermique scalaire passif utilise une fonction de distribution indépendante de la distribution de densité. L'avantage principal est l'amélioration de la stabilité numérique
[37]. En outre, l'exactitude du modèle du scalaire passif a été vérifiée par plusieurs
études [37-38].

L'équation de diffusion de la chaleur sans terme source dans ce modèle est écrite
sous la forme:

$$\frac{\partial T}{\partial t} + \vec{u}.\nabla T = \alpha \ \nabla^2 T \qquad (2.58)$$

Avec α la diffusivité du milieu fluide.

Une nouvelle fonction de distribution g est choisie pour l'équation de Boltzmann
correspondante au champ scalaire. L'évolution de la distribution de température g
obéit à l'équation (2.8). La distribution d'équilibre correspondante dans un modèle
D2Q4 est donnée par (voir [6,29]):

$$g_k^{eq} = \omega_k T(x,t)(1 + \frac{2\overrightarrow{e}_k.\overrightarrow{u}}{c^2}), \quad k = 1 - 4 \qquad (2.59)$$

Le traitement des conditions aux limites est affecté selon qu'il s'agisse de conditions
de Types Newmann ou Dirichlet. Cette partie sera traitée au chapitre suivant. La
dérivation de l'équation (2.58) à partir de l'équation (2.59) est démontrée à l'annexe
A.

Évidemment, ce modèle devient plus utile si la dissipation thermique et les travaux
de compression dus à la pression peuvent être correctement incorporés au modèle.

2.7.3 Modèle énergétique de He et al.

He et al. [39] sont intéressés à l'intégration de la dissipation visqueuse et les travaux
de compression dus à la pression dans un modèle à distribution séparée. Le modèle
développé est similaire à celui du scalaire passif mais il simule directement l'équation de
l'énergie incorporant les deux termes de dissipation et de compression. L'évolution de

la distribution g du champ scalaire permet de retrouver l'équation l'énergie à l'échelle macroscopique suivante:

$$\frac{\partial(\rho\varepsilon)}{\partial t} + \nabla.(\overrightarrow{u}\rho\varepsilon) = \nabla(\rho\alpha\,\nabla(\varepsilon)) + \rho\upsilon(\nabla\overrightarrow{u} + \overrightarrow{u}\nabla): \nabla\overrightarrow{u} - p\nabla.\overrightarrow{u} \qquad (2.60)$$

et la distribution d'équilibre correspondante, dans un modèle D2Q9, est exprimée par:

$$g^{eq}_{k=0-8} = \omega_k\rho\varepsilon\left[\frac{3(\overrightarrow{e}_k^2 - \overrightarrow{u}^2)}{2c^2} + 3\left(\frac{3\overrightarrow{e}_k^2}{2c^2} - 1\right)\frac{(\overrightarrow{e}_k.\overrightarrow{u})}{c^2} + \frac{9}{2}\frac{(\overrightarrow{e}_k.\overrightarrow{u})^2}{c^4}\right] \qquad (2.61)$$

Un nouveau traitement des conditions aux limites a été adopté à cette formulation, (voir [**39**]).

2.7.4   Modèle énergétique simplifié

Le modèle énergétique proposé par He et al. [**39**] présente une forme complexe due à la présence de termes en gradient de vitesse dans l'équation d'évolution de la fonction de distribution du champ thermique. Peng et al. [**32**] utilisent le fait qu'en écoulements incompressibles la dissipation visqueuse et les travaux de compression dus à la pression peuvent être négligés. En omettant ces termes dans l'équation d'évolution tracée par He et al. [**39**], les résultats seront faussés puisque ces termes sont utilisés pour déterminer les équations macroscopiques. La procédure de Chapman-Enskog a été appliquée pour redéfinir le temps de relaxation en absence des termes de dissipation visqueuse et les travaux de compression. L'équation d'évolution reste la même qu'en LB standard celle de l'équation (2.8), la distribution d'équilibre est aussi conservée celle de l'équation (2.61) et le temps de relaxation est redéfini par:

$$\alpha = \frac{2}{3}(\tau_\alpha - \frac{1}{2})c^2\Delta t \qquad (2.62)$$

Les effets de compressibilité ont été vérifiés et trouvés négligeables par comparaison au modèle complètement incompressible (section 2.6.1).

2.8   Méthode LBM dans le cadre de CFD

2.8.1   Dynamique des fluides et au-delà

La méthode LBM par sa diversité de modèles s'impose progressivement comme une alternative sérieuse aux méthodes traditionnelles pour la mécanique numérique des fluides. Dans les deux dernières décennies, la méthode LBM a été utilisée pour la simulation des écoulements classiques et d'intérêt courant.

Plusieurs exercices ont été établis pour des problèmes de convection naturelles bidimensionnels [40-43] et tridimensionnels [44-45] et leurs interactions avec le rayonnement [46]. Les résultats qui en découlent montrent un degré élevé de prédictibilié pour la méthode. Kao et al. [47] ont utilisé la méthode LBM pour prédire le comportement de fluides (à différents nombres de Prandtl) dans une configuration de Rayleigh-Bénard en régimes stationnaire et transitoire. La méthode s'avère capable de prédire le seuil de première transition caractérisé par un nombre de Rayleigh critique théorique $Ra_c = 1707.76$, avec une bonne précision.

D'autres travaux ont été conduits pour des problèmes de changement de phases [48], de mélanges réactionnels [49] et de combustion [50].

La méthode LBM dans sa forme standard utilise des réseaux à maillage uniforme. Cependant les valeurs élevées des paramètres de contrôle de l'écoulement (nombre de Rayleigh, nombre de Reynolds,...) posent des problèmes d'instabilités, de temps d'inégration (CPU time) long ou des problèmes de stockages (mémoire cache). Les solutions de maillages non-uniformes ont été proposées. Trois techniques ont été utilisées par la méthode LBM, lesquelles la technique ISLBM [51], la technique TLLBM [52] qui a présenté une grande efficacité pour la simulation d'une variété de problèmes même en présence de frontières curvilignes, et la technique multi-blocs [53].

2.8.2   Méthode LBM via les méthodes conventionnelles

Le maillage uniforme devient lassant pour les grands nombres caractéristiques de l'écoulement. Avec les méthodes conventionnelles, une des plus importantes solutions est l'accélération des algorithmes de calcul par les techniques multi-grilles. Ces techniques permettent une convergence exponentielle des schémas numériques. La méthode LBM utilise généralement le maillage uniforme, sa flexibilité lui permet d'incorporer les techniques multi-grilles [54]. Une autres technique d'accélération linéaire (par rapport à un paramètre) a été proposée par Guo et al. [55] dans le modèle SRT et puis étendue par Premnath et al. [56] dans le modèle MRT. Ce schéma a prouvé une bonne stabilité et permet l'obtention de mêmes résultats pour des maillages grossiers.

La méthode LBM dans sa forme standard est basée sur un maillage cartésien. De nouveaux modèles pour d'autres systèmes de coordonnées (tels que l'axisymetrique) ont été proposés récemment [57].

L'application de la méthode LBM a été étendue à la simulation des écoulements turbulents, elle peut être combinée par le modèle $K - \epsilon$ et le modèle LES. Pour ce dernier, la méthode LBM présente une propriété potentielle, c'est que le tenseur taux de déformation est une grandeur locale qui est déduite du moment d'ordre 2 de la partie non-équilibrée de la distribution de la densité, contrairement aux méthodes conventionnelles où ce tenseur est calculé par différence finies. La méthode LBM présente une grande flexibilité d'être couplée aux méthodes conventionnelles tellesques les méthodes d'éléments finis ou volumes finis.

2.8.3   Avantages de la méthode LBM

L'accroissement de l'intérêt des scientifiques et ingénieurs à la méthode LBM est prouvé par les avantages suivants: (i) le solveur NS (malgré sa complexité) doit traiter les termes convectifs non-linéaires; dans le modèle LBM les limites de convection sont linéaires et manipulées par décalage uniforme de données (le fameux Streaming process!). (ii) Pour l'écoulement incompressible, le solveur NS doit résoudre l'équation de Poisson; dans la méthode LBM, la pression est obtenue par une équation d'état et de transmission de données est toujours locale ce qui est très avantageux pour les calculs parallèles (diminution du CPU). (iii) habituellement dans les méthodes de discrétisation la stabilité est satisfaite par le bon choix des pas de temps et d'espace; dans la méthode LBM, le nombre de Courant-Friedrichs-Lewy (CFL) est égal à 1. (iv) le solveur NS emploie habituellement des procédures itératives (équations algébriques) pour obtenir une solution convergée; les modèles LBM sont habituellement explicites et n'ont pas besoin de procédures itératives (opérations algébriques de décalage uniforme de l'information). En raison de la nature cinétique de l'équation de Boltzmann, la physique liée à l'interaction de niveau moléculaire peut être incorporée plus facilement dans le modèle et la méthode reste toujours flexible pour incorporer tous les phénomènes physiques additionnels. Le calcul nodal dans la méthode LBM est intéressant pour le calcul parallèle. Numériquement, la méthode est de second ordre en espace et temps.

2.9   Conclusion

Dans ce chapitre nous avons présenté le cadre de base de la méthode de Boltzmann sur réseau (LBM). Nous avons aussi présenté les modèles dynamiques et thermiques les plus employés par la méthode LBM et leur propriétés. En fin, Nous avons discuté la position de la méthode via les méthodes conventionnelles dans le champ de la simulation de la dynamique des fluides.

Le chapitre suivant sera consacré à la validation du modèle LBM par son application rigoureuse à divers cas tests.

Bibliographie

[1] S. Chen and G. D. Doolen, Lattice Boltzmann method for fluid flows, Ann. Rev. Fluid Mech. 30, pp. 329-364, 1998.

[2] S. Succi; The Lattice Boltzmann Equation: for Fluid Dynamics and Beyond (Series Numerical Mathematics and Scientific Computation) (Oxford: Oxford University Press), 2001.

[3] L.-S. Luo, The lattice-gas and lattice Boltzmann methods: Past, Present, and Future, Proceedings of the International Conference on Applied Computational Fluid Dynamics, Beijing, China, pp. 52-83, 2000.P.

[4] M. R. Arab; Reconstruction stochastique 3D d'un matériau céramique poreux à partir d'images expérimentales et évaluation de sa conductivité thermique et de sa perméabilité; thèse de l'Université de Limoges, N° d'ordre: 21-2010, 2010.

[5] Peng Yuan, Thermal lattice boltzmann two-phase flow model for fluid dynamics, PhD. thsis, University of Pittsburgh, 2005.

[6] A.A. Mohamad; Applied Lattice Boltzmann Method for Transport Phenomena, Momentum, Heat and Mass Transfer, Sure Print, Calgary, 2007.

[7] M.C. Sukop,D.T. Thorne; Lattice Boltzmann modeling: an introduction for geoscientists and engineers; Springer, Heidelberg, Berlin, New York.

[8] P.L. Bhatnagar, E.P. Gross, M.K. Krook, A model for collision process in gases. I: small amplitude processes in charged and neutral one-component system, Phys. Rev., vol. 94 pp.511-525, 1954.

[9] S. Chen and G. D. Doolen; Lattice Boltzmann Method for Fluid Flows; Ann. Rev. Fluid Mech., 30, pp. 329-364, 1998.

[10] D. d'Humières, I. Ginzburg, M. Krafczyk, P. Lallemand and L.-S. Luo; Multiple-relaxation-time lattice Boltzmann models in three dimensions; Phil. Trans. R. Soc. A, 360, pp. 437-451, 2002.

[11] A. Santosh; Minimal kinetic modeling of hydrodynamics; Doctoral and Habilitation Theses, Zürich , 2004.

[12] J. Latt and B. Chopard; Lattice Boltzmann method with regularized non-equilibrium distribution functions; Math. Comp. Sim., 72, pp. 165-168, 2006.

[13] X. He and L. S. Luo; A priori derivation of the lattice Boltzmann equation; Physical Review E, Vol 55, n°6, R6333-R6336.

[14] P. J. Davis and P. Rabinowitz, Methods of Numerical Integration, 2nd ed., Academic, New York, 1984.

[15] L.-S. Luo, Lattice-Gas Automata and Lattice Boltzmann Equations for two-dimensional hydrodynamics, Ph.D. thesis, Georgia Institute of Technology,1993.

[16] J.M. Buick, C.A. Greated, Gravity in a lattice Boltzmann model, Phys. Rev. E 61 (5), pp. 5307–5320, 2000.

[17] Z.L. Guo, C.G Zheng, and BC Shi, Discrete lattice effects on the forcing term in the lattice Boltzmann method, Phys. Rev. E, 65: 046308, 2002.

[18] A.A. Mohamad, A. Kuzmin; A critical evaluation of force term in lattice Boltzmann method, naturalconvection problem; International Journal of Heat and Mass Transfer, 53, pp. 990–996, 2010.

[19] S. Chen and D. Martinez; On boundary conditions in lattice Boltzmann methods; Phys. Fluids 8 (9), pp. 2527-2536 1996

[20] R. Mei, L.S. Luo and W. Shyy; An accurate curved boundary treatment in the lattice Boltzmann method; Journal of Computational Physics 155, pp. 307–330, 1999.

[21] P. Ziegler, Boundary conditions for lattice Boltzmann simulations, J. Stat. Phys., 71, pp. 1171-1177, 1993.

[22] M. E. Kutay, Ahmet H. Aydilek, E. Masad; Laboratory validation of lattice Boltzmann method for modeling pore-scale flow in granular materials; Computers and Geotechnics; 33, pp. 381-395, 2006.

[23] R. S. Maier, R.S. Bernard, and D.W. Grunau, Boundary conditions for the lattice Boltzmann method, Phys. Fluids, 8 (7), pp.1788-1801, 1996.

[24] Q. Zou and X. He; On pressure and velocity boundary conditions for the lattice Boltzmann BGK model; Phys.Fluids 9 (6), pp. 1591-1598, 1997.

[25] Y. Peng, C.Shu, Y.T. Chew, J. Qiu; Numerical investigation of flows in Czochralski crystalgrowth by an axisymmetric lattice Boltzmann method; Journal of Computational Physics, 186, pp. 295–307, 2003.

[26] X. He, Q. Zou, L.-S. Luo, and M. Dembo, Analytic solutions and analysis on non-slip boundary condition for the lattice Boltzmann BGK model, J. Stat. Phys., 87, pp.115-136, 1997.

[27] Q. Zou, S. Hou, and G.D. Doolen, Analytical solutions of the lattice Boltzmann BGK model, J. Stat. Phys., 81, pp. 319-334, 1995.

[28] R. Mei, L.-S. Luo and W. Shyy, An accurate curved boundary treatment in the lattice Boltzmann method, J. Compu. Phys. 155, pp. 307-329, 1999.

[29] Z. Guo1, B. Shi and C. Zheng; A coupled lattice BGK model for the Boussinesq equations; Int. J. Numer. Meth. Fluids; 9, pp. 325–342, 2002

[30] H. Liu, C. Zou, B. Shi, Z. Tian, L. Zhang, C. Zheng; Thermal lattice-BGK model based on large-eddy simulation of turbulent natural convection due to internal heat generation; International Journal of Heat and Mass Transfer, 49, pp. 4672–4680, 2006.

[31] He, Xiaoyi.; Luo, Li Shi; Lattice Boltzmann Model for the Incompressible Navier-Stokes Equation; Journal of Statistical Physics, Vol. 88, no 3/4, pp. 927-944 ,1997.

[32] Y. Peng, C. Shu, and Y. T. Chew; Simplified thermal lattice Boltzmann model for incompressible thermal flows; Physical Reiew E 68, 026701, 2003.

[33] Y. T. Chew, C. Shu and X. D.Niu; Simulation of unsteady incompressible flows by using Taylor Series expansion-and least square based lattice Boltzmann method; Int. J. of Modern Physics C, Vol. 13, No. 6, pp. 719-738, 2002.

[34] Y. Chen, H. Ohashi, and M. Akiyama; Thermal lattice Bhatnagar–Gross–Krook model without nonlinear deviations in macrodynamic equations, Phys. Rev. E 50, pp. 2776-2783, 1994.

[35] G. Vahala, P. Pavlo, L. Vahala, N.S. Martys; Thermal lattice Boltzmann (TLBM) model for compressible flows; Int. J. Modern Phys. C, vo. 9, n° 8, pp. 1247-1261, 1998.

[36] A. Bartoloni, C. Battista, S. Cabasino, et al., LBE simulation of Rayleigh–Bénard convection on the APE100 parallel processor, Int. J. Mod. Phys. V. 4, Issue: 5, pp. 993-1006, 1993.

[37] X. Shan; Simulation of Rayleigh-Bénard convection using a lattice Boltzmann method; Phys. Rev. E 55, pp. 2780–2788, 1997.

[38] J. G. M. Eggels and J. A. Somers; Numerical simulation of free convective flow using the lattice Boltzmann scheme; J. Heat Fluid Flow 16, pp. 357-364, 1995.

[39] X. He, S. Chen and G. D. Doolen; A novel thermal model for the lattice Boltzmann method in incompressible limit; Journal of Computational Physics Vol. 146, Issue 1, pp. 282-300, 1998.

[40] M. Jami, A. Mezrhab, M. Bouzidi, P. Lallemand; Lattice Boltzmann method applied to the laminar natural convection in an enclosure with a heat generating cylinder conducting body; Int. J. Thermal Sci., 46, pp. 38-47, 2007.

[41] M. Jami, S. Amraqui, A. Mezrhab, C. Abid; Numerical study of natural convection in a cavity of high aspect ratio by using the lattice Boltzmann method; Int. J. Numer. Meth. Engng, 73, pp. 1727-1738, 2008.

[42] Kerr, R. M.; J. R. Herring, (1999): Prandtl number dependence of Nusselt number in DNS, J. Fluid Mech., vol., (22 pp.).

[43] P. Lallemand and L. S. Luo; Lattice Boltzmann method for moving boundaries; Journal of Computational Physics, 184, pp. 406-421, 2003.

[44] Y. Peng, C. Shu and Y. T. Chew; Three-dimensional lattice kinetic scheme and its application to simulate incompressible viscous thermal flows; Commun. Comput. Phys. Vol. 2, No. 2, pp. 239-254, 2007.

[45] Y. Peng, C. Shu, Y.T. Chew; A 3D incompressible thermal lattice Boltzmann model and its application to simulate natural convection in a cubic cavity; Journal of Computational Physics, 193, pp. 260–274, 2003.

[46] A. Mezrhab,M. Jami,M. Bouzidi,P. Lallemand; Analysis of radiation natural convection in a divided enclosure using the lattice Boltzmann method; Computers & Fluids, 36, pp.423-434,2007.

[47] P.-H. Kao, R.-J. Yang; Simulating oscillatory flows in Rayleigh–Bénard convection using the lattice Boltzmann method; Int. J. of Heat and Mass Transfer, Vol. 50, Issues 17-18, pp. 3315-3328, 2007.

[48] E. Semma, ; M. El Ganaoui; R. Bennacer and A. A. Mohamad; Investigation of flows in solidification by using the lattice Boltzmann method, Int. J. of Ther. Sc., 47, pp. 201-208, 2008.

[49] P.-H. Kao, T.-F. Ren, R.-J. Yang; An investigation into fixed-bed microreactors using lattice Boltzmann method simulations Int. J. of Heat and Mass Transfer, Vol. 50, Issues 21-22,pp. 4243-4255, 2007.

[50] K. Yamamoto, N.Takada, M. Misawa; Combustion simulation with Lattice Boltzmann method in a three-dimensional porous structure; Proceedings of the Combustion Institute, Volume 30, Issue 1, pp. 1509-1515, 2005.

[51] X. He and G. Doolen; Lattice Boltzmann method on curvilinear coordinates system: Flow around a circular cylinder; J. Comput. Phys. 134, pp. 306-315, 1997.

[52] X.D. Niu, Y.T. Chew, C. Shu; Simulation of flows around an impulsively started circular cylinder by Taylor series expansion- and least squares-based lattice Boltzmann method; Journal of Computational Physics 188, pp.176-193, 2003.

[53] H. Liu, J. G. Zhou, R. Burrows; Lattice Boltzmann simulations of the transient shallow water flows; Advances in Water Resources, Vol. 33, Issue 4, pp. 387-396, 2010.

[54] D. J. Mavriplis; Multigrid solution of the steady-state lattice Boltzmann equation; Proceedings of the First International Conference for Mesoscopic Methods in Engineering and Science, Computers & Fluids, Vol. 35, Issues 8-9, pp. 793-804, 2006.

[55] Z. Guo, T.S. Zhao, Y. Shi; Preconditioned lattice-Boltzmann method for steady flows; Phys. Rev. E 70, 066706, 2004.

[56] K.N. Premnath, M.J. Pattison and S. Banerjee; Steady state convergence acceleration of the generalized lattice Boltzmann equation with forcing term through preconditioning; Journal of Computational Physics, Vol. 228, Issue 3, 20, pp. 746-769, 2009.

[57] L. Zheng, B. Shi, Z. Guo, C. Zheng; Lattice Boltzmann equation for axisymmetric thermal flows; Computers & Fluids, Vol. 39, Issue 6, pp. 945-952, 2010.

Chapitre 3

Validation du modèle LBM

3.1 **Introduction** **77**
3.2 **Simulation d'une convection naturelle** **78**
   3.2.1 Présentation du problème physique 78
   3.2.2 Modèle thermique de la méthode de Boltzmann 79
   3.2.3 Validation du modèle 81
3.3 **Simulation d'écoulements à faibles nombres de Prandtl**
    avec brisure de symétrie **87**
   3.3.1 Transition à l'instationnarité en cavité de Bridgman verticale   88
   3.3.2 Transition à l'instationnarité en cavité de Bridgman horizontale 90
3.4 **Accélération du régime stationnaire, application à la sim-**
    ulation des écoulements en milieux poreux **91**
   3.4.1 Présentation de la technique 91
   3.4.2 Écoulement de convection naturelle en milieux poreux 93
3.5 **Conclusions** **96**

3.1 Introduction

Dans ce chapitre, nous allons présenter les résultats de validation de notre modèle LBM par application à des écoulements de convection naturelle en milieux confinés. La validation de notre code de calcul est basée sur trois cas tests.

En première étape, notre code est validé sur le cas classique de convection naturelle en cavité différentiellement chauffée. Ce problème n'est plus simplement un cas idéal pour tester les modèles numériques destinés à la résolution des équations de Navier-Stokes, mais a également un champ d'applications étendu dans divers thèmes d'intérêt classique et courant, tels que l'aéronautique et l'électronique. Dans cette application physique, l'examen porte sur les effets d'une variété de paramètres contrôlant la configuration de la cavité (rapport de forme, inclinaison), la nature du fluide (nombre de Prandtl) ainsi que des nombres caractéristiques de l'écoulement (paramètre moteur tel que le nombre de Rayleigh) sur les structures dynamique et thermique de l'écoulement et sur le transfert de chaleur évalué par le nombre de Nusselt.

Dans une deuxième étape, notre code numérique est appliqué à des problèmes d'écoulements caractérisés par de faibles nombres de Prandtl, $Pr \sim o(1)$. Des solutions benchmarks ont été établies par comparaison aux méthodes de discrétisation classiques pour des cavités caractérisant des configurations de solidification dirigée. Les résultats illustrent un très bon accord avec les scénarios existants dans le cas d'écoulements avec bifurcation.

En dernière étape, on est intéressé à la flexibilité de la méthode pour résoudre les équations de Navier-Stokes et d'énergie modifiées incorporant d'autres phénomènes physiques additionnels. Notre cas de validation est l'écoulement en milieux poreux. Ces problèmes, malgré les nombreuses études qui ont été faites, restent d'un grand intérêt pour l'industrie (pétrolière par exemple).

Les simulations numériques sont en grande partie effectuées sur la station de calcul CALI[6].

3.2   Simulation d'une convection naturelle

3.2.1   Présentation du problème physique

La figure **3.1** présente le problème de convection naturelle en cavité rectangulaire dans le cas général. La cavité est de hauteur H et de largeur L et inclinée d'un angle φ par rapport à l'horizontal. Le rapport de forme Ar est défini par le quotient L/H. La cavité est remplie d'un fluide de viscosité v et de diffusivité α. Le nombre de Prandtl est défini par $Pr = \frac{v}{\alpha}$. Un gradient de température $(\Delta T = T_c - T_f)$ est appliqué entre les faces parallèles OA et BC, tandis que les faces OB et AC sont maintenues adiabatiques $\partial T/\partial \overrightarrow{n} = \overrightarrow{0}$ pour le flux de température. La condition de non-glissement (frontière rigide) est considérée pour les quatre frontières de la cavité. Tous les paramètres thermophysiques sont considérés indépendants de la température sauf la masse volumique, qui évolue sous l'approximation de Boussinesq $\rho(T) = \rho(T_r)(1 - \beta(T - T_r))$, où β est le coefficient d'expansion thermique du fluide et T_r une température de référence. L'écoulement du fluide est soumis juste à la force

---

[6]CALI (CAlcul en LImousin) est un serveur de calcul, dédié aux chercheurs de l'Université de Limoges. Le reste du calcul est effectué sur un DELL inspiron1520, configuration MSW XP Pro. SP3, Intel Core2 Duo CPU T7500@2.20GHz, 2.0GB RAM.

de flottaison $\rho_r \overrightarrow{G} = -\rho_r \overrightarrow{g} \beta \Delta T \theta$, avec $\theta = (T - T_r)/\Delta T$. L'écoulement est supposé incompressible.

L'écoulement est gouverné par les équations de Navier-Stokes et de l'énergie suivantes:

$$\begin{cases} \nabla . \overrightarrow{u} = 0 \\ \frac{\partial \overrightarrow{u}}{\partial t} + \overrightarrow{u} \nabla (\overrightarrow{u}) = -\frac{\nabla p^*}{\rho} + \upsilon \nabla^2 \overrightarrow{u} - \rho_r \overrightarrow{g} \beta \Delta T \theta \\ \frac{\partial \theta}{\partial t} + \overrightarrow{u} . \nabla \theta = \alpha \nabla^2 \theta \end{cases} \tag{3.1}$$

avec $p^* = p + \rho_r g$ et θ la température adimensionnelle définie ci-dessus.

Dans tout ce qui suit on considèrera la température de référence T_r égale à la température froide T_f.

3.2.2 Modèle thermique de la méthode de Boltzmann

Le modèle bidimensionnel à neuf vitesses et à double populations $D2Q9 - D2Q9$ est considéré (§ 2.7.4). Les équations de Boltzmann discrétisées relatives à ce modèle sont:

$$\begin{cases} f_k(\overrightarrow{x} + \overrightarrow{e}_k \Delta t, t + \Delta t) = f_k(\overrightarrow{x}, t) - \frac{1}{\tau_\upsilon}[f_k - f_k^e] + \Delta t F_k \\ g_k(\overrightarrow{x} + \overrightarrow{e}_k \Delta t, t + \Delta t) = g_k(\overrightarrow{x}, t) - \frac{1}{\tau_\alpha}[g_k - g_k^e] \end{cases}, \quad k = 0\text{-}8 \tag{3.2}$$

Ce modèle est caractérisé par les fonctions de distribution d'équilibre suivantes

$$\begin{cases} f^{eq} = \omega_k \rho [1 + \frac{3 \overrightarrow{e}_k . \overrightarrow{u}}{c^2} + (\frac{9}{2} \frac{(\overrightarrow{e}_k . \overrightarrow{u})^2}{c^4} - \frac{1}{2} \frac{\overrightarrow{u}^2}{c^2})] \\ g^{eq} = \omega_k \rho \theta [\frac{3}{2} \frac{(\overrightarrow{e}_k^2 - \overrightarrow{u}^2)}{2c^2} + 3(\frac{3 \overrightarrow{e}_k^2}{2c^2} - 1) \frac{(\overrightarrow{e}_k . \overrightarrow{u})}{c^2} + \frac{9}{2} \frac{(\overrightarrow{e}_k . \overrightarrow{u})^2}{c^4}] \end{cases}, \quad k = 0\text{-}8 \tag{3.3}$$

et par les temps de relaxation définis par $\tau_\upsilon = 3\upsilon + 0.5$ et $\tau_\alpha = 1.5\alpha + 0.5$. Les facteurs poids ω_k sont les mêmes pour les deux distribution f et g et sont définis au tableau **2.1**. Le terme force est choisi simplement celui de l'équation (2.25) $F_k = -3\omega_k \rho_r \overrightarrow{e}_k . \overrightarrow{G}/c^2$. Pour plus de détails, le lecteur est invité a voir l'article [1].

Les variables macroscopiques sont calculées comme suit:

$$\begin{pmatrix} \rho \\ \rho \overrightarrow{u} \\ \rho \theta \end{pmatrix} = \sum_{k=0-8} \begin{pmatrix} f_k \\ f_k \overrightarrow{e}_k \\ g_k \end{pmatrix} = \sum_{k=0-8} \begin{pmatrix} f_k^{eq} \\ f_k^{eq} \overrightarrow{e}_k \\ g_k^{eq} \end{pmatrix} \tag{3.4}$$

L'écoulement est caractérisé par les nombres adimensionnels $Pr = \frac{\upsilon}{\alpha} = \frac{1}{2} \frac{\tau_\upsilon - 0.5}{\tau_\alpha - 0.5}$ et $Ra = \frac{g\beta \Delta T H^3}{\upsilon \alpha}$. Le taux de transfert de chaleur est quantifié par le nombre de Nusselt moyen à une paroi isotherme $\overline{Nu}_0$ (paroi chaude par exemple) et le nombre de Nusselt moyen dans toute la cavité $\overline{Nu}$. Ces nombres, dans leurs formes intégrales et discrètes, sont définis par:

$$\overline{Nu} = \frac{1}{\alpha\Delta T/L}\frac{1}{LH}\int_0^L\int_0^H[u_xT - \alpha\frac{\partial T}{\partial x}]dxdy \simeq 1 + \frac{\langle u_x\theta\rangle}{\alpha/L} \qquad (3.5)$$

$$\overline{Nu}_0 = \frac{1}{\alpha\Delta T/L}\frac{1}{H}\int_0^H -\alpha\frac{\partial T}{\partial x}\bigg|_{x=0} dy \simeq \sum_{j=0-m}\frac{3\theta_{0,j} - 4\theta_{1,j} + \theta_{2,j}}{2} \qquad (3.6)$$

Où $\langle.\rangle$ désigne la moyenne sur toute la cavité.

Les problèmes de convection naturelle sont caractérisés par la vitesse de référence $U_0 = \sqrt{g\beta\Delta TH}$, cette vitesse est utilisée pour vérifier l'hypothèse de faible nombre de Mach provenant de la dérivation des équations macroscopiques, $Ma = U_0/c_s = \sqrt{3g\beta\Delta TH} \ll 1$.

Les conditions aux limites sont traitées par la condition de rebond de la partie non équilibrée pour les deux distributions, soient:

$$\begin{cases} f_k^{neq} = f_{\overline{k}}^{neq} \\ g_k^{neq} - \overrightarrow{e}_k^2 f_k^{neq} = g_{\overline{k}}^{neq} - \overrightarrow{e}_{\overline{k}}^2 f_{\overline{k}}^{neq} \end{cases} \qquad (3.7)$$

Où k correspond à la direction de la fonction de distribution f ou g inconnues à la frontière considérée et $\overline{k}$ son opposé au même noeud. Les températures de surfaces sont utilisées pour évaluer les fonctions de distribution d'équilibre.

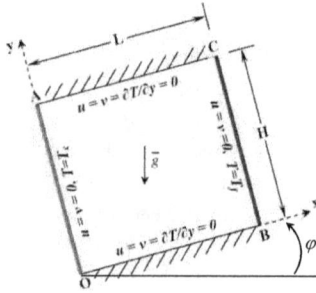

Figure 3.1: Configuration d'un écoulement bidimensionnel de convection naturelle.

n	32	80	128	176	224	Réf. [2]
u_{max}	16.011	16.134	16.159	16.172	16.173	16.178
y_u	0.813	0.825	0.820	0.822	0.823	0.823
v_{max}	19.278	19.526	19.595	19.612	19.618	19.617
x_v	0.117	0.125	0.117	0.117	0.117	0.119
$\overline{Nu}$	2.182	2.226	2.235	2.241	2.242	2.243

Tableau 3.1: Test de convergence spatiale

3.2.3 Validation du modèle

Convergence spatiale

Dans cette partie on prend $Ar = L/H = 1$, $Pr = 0.71$ et $Ra = 10^4$; les échelles de références pour la vitesse, la longueur et le temps sont prises respectivement α/H, H et H^2/α. Le domaine est subdivisé en un réseau régulier de $n \times m$ carrées ($n = m$). L'indépendance spatiale est examinée en utilisant des résolutions allant de 32^2 à 224^2 par pas de 48.

Le tableau **3.1** présente les résultats de simulation numériques de notre modèle pour le maximum de la composante horizontale u_{max} à mi-largeur et son ordonnée y_u, le maximum de la composante verticale de la vitesse v_{max} à mi-hauteur et son abscisse x_v et le nombre de Nusselt moyen $\overline{Nu}$ en comparaison avec les résultats du benchmark établi par G. de Vahl Davis [2].

La figure **3.1** illustre la variation du pourcentage de l'erreur relative en fonction de la taille de la grille. Il est clair que le nombre de Nusselt moyen semble être indépendant de la taille de la grille pour une résolution plus fine que 224^2, donc la convergence spatiale est satisfaite. Mieux encore, pour un maillage de taille 80^2 l'erreur relative est de 0.78% donc moins de 1% laquelle est acceptable en ingénierie. La convergence spatiale est aussi satisfaite pour les autres variables calculées.

Taux de convergence

Dans cette partie nous allons vérifier l'ordre de convergence de notre modèle LBM. Nous supposons que l'erreur E est une fonction puissance du pas d'espace $\Delta x = 1/n$, soit $E = C.(1/n)^a$, donc $ln(E) = a.ln(1/n) + ln(C)$. Le tracé des couples $(ln(1/n), ln(E))$ relatifs au nombre de Nusselt calculé au tableau **3.1** est schématisé sur la figure **3.2.** L'équation d'ajustement montre que $a \simeq 1.95$, donc la convergence de la solution obtenue pour le nombre de Nusselt est du second ordre. Ceci va bien avec la propriété d'exactitude au second ordre en espace et en temps de la méthode LBM.

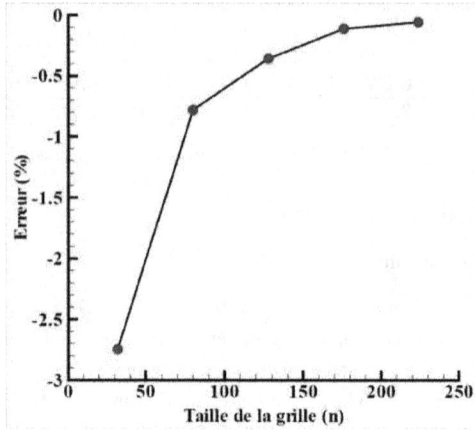

Figure 3.2: Convergence spatiale pour Ra=10^4.

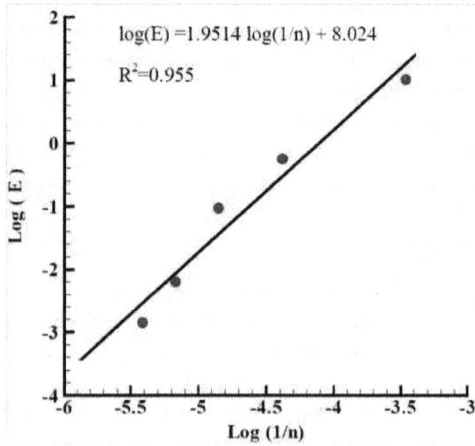

Figure 3.3: Taux de convergence

Comparaison

Nous effectuons maintenant des simulations pour des nombres de Rayleigh modérés $10^3 \leq Ra \leq 10^6$ pour $Ar = 1$ et $Pr = 0.71$. Les résolutions 32^2, 80^2, 128^2 et 176^2 ont été choisies pour $Ra = 10^3$, 10^4, 10^5 et 10^6 respectivement. Le tableau **3.2** présente les résultats de nos simulations numériques en comparaison avec les résultats de littérature utilisant différentes méthodes numériques. Il est clair que les résultats de notre modèle LBM sont en bon accord avec les résultats de références dans la gamme des nombres de Rayleigh testées. L'erreur, calculée pour le nombre de Nusselt moyen $\overline{Nu}$, est au plus égale à 1% pour toute la gamme du nombre de Rayleigh testée. Les erreurs, au plus, pour les composantes u_{max} et v_{max} sont respectivement 0.86% et 1.58%.

Nous notons ici que la condition d'incompressibilité doit être vérifiée pour toute simulation par le calcul du nombre de Mach défini ci-haut, soit $Ma = U_0/c_s = \sqrt{3g\beta\Delta T H} < 0.1$ par exemple. En utilisant le nombre de Rayleigh et le nombre de Prandtl, nous avons:

$$Ma = \sqrt{\frac{3Ra}{Pr}}\frac{v}{H} \tag{3.8}$$

Or, $H \equiv m$, où m est le nombre de noeuds dans la direction $\overrightarrow{y}$. Ceci donne la relation

$$v < 0.1\, m\sqrt{\frac{Pr}{3Ra}} \tag{3.9}$$

entre la viscosité v (dans l'espace LBM) et le nombre de noeuds m.

Dans nos simulations, nous avons les conditions suivantes : $v \lesssim 0.049$, $v \lesssim 0.039$, $v \lesssim 0.02$ et $v \lesssim 0.009$ respectivement pour les couples (m, Ra) choisis ci-haut.

La figure **3.4** illustre les tracées des lignes de courant et les lignes isothermes pour $Ra = 10^3$, 10^4, 10^5 et 10^6. Ces structures dynamique et thermique sont en bon accord avec les résultats obtenus par Ismail et al. [5] et Onishi et al. [6].

Le problème de convection naturelle en cavité différentiellement chauffée est un problème classique intensivement étudié et utilisé pour vérifier l'exactitude des codes numériques. Le paramètre moteur de l'écouelemnt est le nombre de Rayleigh (ou parfois on utilise le nombre de Grashof $Gr = Ra/Pr$). Augmentant le nombre de Rayleigh de 10^3 à 10^6, les lignes isothermes deviennent de plus en plus serrées vers les parois isothermes indiquant une diminution de l'épaiseur de la couche limite thermique. Une stratification thermique s'établie au centre de la cavité. La structure thermique est caractérisée par un centre de symétrie, le centre de la cavité. Le même comportement est remarqué pour la structure dynamique. Les lignes de courant sont plus serrées vers les parois isothermes indiquant une diminution de l'épaiseur de la couche limite

Ra		u_{max}	y_u	v_{max}	x_v	Nu_0	$\overline{Nu}$	Erreur(%)
10^3	Présent	3.634	0.813	3.674	0.187	1.138	1.115	
	Réf. [2]	3.649	0.815	3.698	0.180	1.117	1.118	0.27
	Réf. [3]	3.649	0.815	3.697	0.180	1.118	1.118	0.27
	Réf. [4]	3.636	0.809	3.686	0.174	-	1.117	0.18
10^4	Présent	16.134	0.825	19.526	0.125	2.265	2.226	
	Réf. [2]	16.190	0.825	19.638	0.120	2.238	2.243	0.76
	Réf. [3]	16.190	0.825	19.610	0.120	2.250	2.245	0.85
	Réf. [4]	16.167	0.821	19.597	0.120	-	2.246	0.89
10^5	Présent	34.662	0.852	68.216	0.070	4.544	4.508	
	Réf. [2]	34.736	0.855	68.640	0.065	4.509	4.519	0.24
	Réf. [3]	34.730	0.855	68.630	0.065	4.524	4.524	0.35
	Réf. [4]	34.962	0.854	68.578	0.067	-	4.518	0.22
10^6	Présent	64.511	0.852	218.281	0.040	8.837	8.713	
	Réf. [2]	64.775	0.850	220.640	0.035	8.817	8.800	0.99
	Réf. [3]	64.360	0.850	221.800	0.035	8.837	8.797	0.95
	Réf. [4]	64.133	0.860	220.537	0.038	-	8.792	0.90

Tableau 3.2: Comparaison des présent résultats avec les résultats de références.

dynamique. Une stratification s'établie parallèlement aux parois adiabatiques. La structure est aussi centro-symétrique.

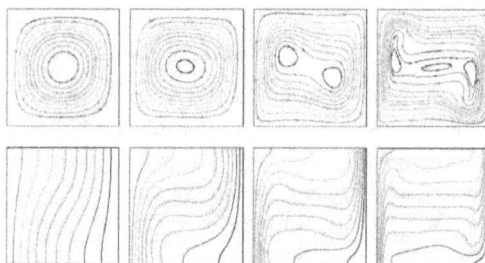

Figure 3.4: Tracés des lignes de courant (en haut) et des lignes isothermes (en bas). De gauche à droite $Ra = 10^3$, 10^4, 10^5 et 10^6.

Taux de transfert de chaleur

Le transfert de chaleur est évalué par le nombre de Nusselt. Les études numériques et expérimentales antérieures ont montré que le nombre de Nusselt et le nombre de Rayleigh sont liés par une loi puissance $Nu \propto Ra^b$. Le coefficient b est généralement trouvé entre 0.25 et 0.3. Pour nos résultats numériques, les ajustements linéaires des variables $log(Nu)$ et $log(Ra)$ mènent aux lois $\overline{Nu} = 0.1425 Ra^{0.2985}$ et $\overline{Nu}_0 = 0.1465 Ra^{0.2973}$. Ces relations sont en bon accord avec les corrélations établies par Berkovsky et Polevikov [7] et Thomas [8]:

$$\overline{Nu}_0 = 0.18 \left(\frac{Pr \ Ra}{0.2 + Pr} \right)^{0.29} \tag{3.10}$$

Ce qui donne $\overline{Nu}_0 = 0.1675 \ Ra^{0.29}$.

Et pour un exposant 0.29, on obtient pour nos résultats $\overline{Nu} = 0.1585 Ra^{0.29}$ et $\overline{Nu}_0 = 0.1606 Ra^{0.29}$. Cependant, d'autres corrélations ont été établies pour l'exposant 0.25. Bejan [9] dérive la corrélation $\overline{Nu}_0 = 0.364 \ Ra^{0.25}$ pour $Ra^{1/7} < 10^3$ et Elder [10] a établi la corrélation $\overline{Nu}_0 = 0.25 \ Ra^{0.25}$. Kerr et al. [11] accorde la diversité des lois $Nu \propto Ra^b$ dans le choix de l'exposant "b" allant de 0.25, passant par 2/7, à 1/3 au rapport des épaisseurs des couches limites thermique et dynamique.

Effets de paramètres secondaires

Dans cette partie, la condition d'incompressibilité est vérifiée et les résolutions sont bien choisies.

Plusieurs paramètres peuvent influencer le comportement en convection naturelle en cavité rectangulaire, tel que le nombre de Prandtl, le rapport de forme et l'inclinaison de la cavité par rapport à la direction de la gravité.

La nombre de Prandtl exprime le degré de volatilité entre la vitesse et la température. La figure **3.5** montre l'effet du nombre de Prandtl sur le taux de transfert de chaleur (évalué à la paroi chaude) pour les gammes $0.025 \le Pr \le 6$ et $10^3 \le Ra \le 10^5$. À $Ra = 10^3$, transfert de chaleur est indépendant du nombre de Prandtl, ceci est dû à la faible intensité de la convection. À $Ra > 10^3$ mais fixe, augmentons le nombre de Prandtl, fait augmenter le nombre de Nusselt, donc le transfert de chaleur. En traçant le nombre de Nusselt en fonction du nombre de Prandtl pour différents nombres de Rayleigh nous constatons que le nombre de Nusselt devient constant pour les grand nombres de Prandtl. Ceci est en bon accord avec la relation de l'équation (**3.10**) qui tend asymptôtiquement à être $\overline{Nu}_0 = 0.18 Ra^{0.29}$ pour les grands nombres de Prandtl. Ces résultats sont en très bon accord avec les résultats obtenus par Hyun et al. [12] pour les gammes $0.1 \le Pr \le 100$ et $10^4 \le Ra \le 10^6$.

Le rapport de forme de la cavité peut aussi influer le transfert de chaleur au sein de la cavité et diriger autrement le comportement dynamique et thermique selon l'intensité de la convection (Ra). Les points critiques (seuils en Ra) de passage aux régimes transitoires sont fonctions du rapport de forme. Ce changement de géométrie est rencontré en plusieurs applications industrielles notamment pour les études des problèmes de fusion/solidification. Lorsque le front de fusion/solidification se déplace,

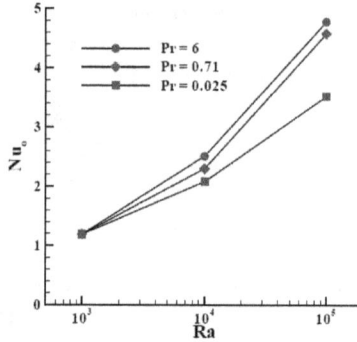

Figure 3.5: Effet du nombre de Prandtl sur le transfert de chaleur pour différents nombres de Rayleigh.

la géométrie de l'espace fluide en mouvement change. Cette situation est généralement caractérisée par l'apparition /disparition de cellules convectives.

Le changement du rapport de forme est une balance entre le régime conductif et le régime convectif. Pour les grands rapports de forme ($Ar \gg 1$), le nombre de Nusselt à la paroi chaude $\overline{Nu}_0$ tend vers 0 alors que le nombre de Nusselt moyen $\overline{Nu}$ est nettement supérieur à 1, le régime convectif est dominant. À $Ra = 10^3$, et diminuons le rapport de forme à 0.5, le nombre de Nusselt moyen $\overline{Nu}$ est égale à l'unité alors que $\overline{Nu}_0 = 2.026$. Le nombre de Nusselt $\overline{Nu}_0$ augmente davantage avec la diminution du rapport de forme, le nombre de Nusselt moyen $\overline{Nu} = 1$: Le régime conductif est dominant. Pour Ar=1/8, nous avons $\overline{Nu} = 1$ et $\overline{Nu}_0 = 8.0389$, 8.0417 et 10.0058 pour respectivement $Ra = 10^3$, 10^4 et 10^5. Nos résultats corroborent bien ceux obtenus par Ismail et al. [5] utilisant la méthode des éléments finis.

Pour l'effet de l'inclinaison de la cavité, nous mentionnons que seul le terme de Boussinesq est affecté. Nos résultats pour $Ar = 1$ sont présentés à la figure **3.6** et s'avèrent reproduire exactement les solutions obtenues par Ozoe et al. [**13**]. On observe que le transfert de chaleur augmente quand l'angle φ augmente jusqu'à un angle voisin de $15°$, le nombre de Nusselt correspondant étant égal à 4.7. Augmentons davantage l'angle φ, la valeur de $\overline{Nu}_0$ diminue considérablement pour atteindre un minimum à un angle critique entre $90°$ et $100°$. Le nombre de Nusselt correspondant à la configuration de Rayleigh-Bénard ($90°$) est de 3.85. Quand φ augmente plus, la valeur de $\overline{Nu}_0$ augmente pour dépasser la valeur obtenue à $\varphi = 0°$ et atteindre certainement encore la valeur 4.7 à $\varphi \approx 165°$. Quand l'angle φ dépasse $180°$, $\overline{Nu}_0$

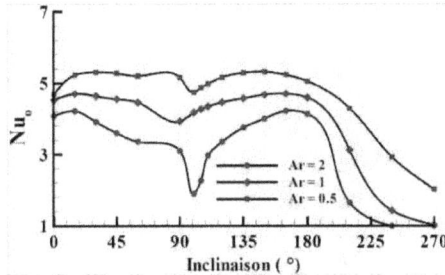

Figure 3.6: Effet de l'inclinaison de la cavité sur le nombre de Nusselt pour différent rapport de forme, pour $Ra = 10^5$ et $Pr = 0.71$.

diminue jusqu'à une valeur proche de l'unité dans une configuration chauffée par le haut ($\varphi = 270°$). Le comportement est quasi le même pour les trois valeurs du rapport de forme testées.

Comportement instationnaire

Dans cette partie nous allons tester l'aptitude de la méthode LBM à prédire le comportement instationnaire. Pour celà nous considérons une cavité rectangulaire remplie d'air. Le rapport de forme est choisi $Ar = 2$, la cavité est incliné d'un angle φ = 90° et $Ra = 10^5$. Sous ces conditions l'écoulement devient périodique. La structure dynamique de l'écoulement change plusieurs fois à une seule période (voir Djebali et al. [14]) et la fréquence sans dimensions est égale à 15.86. La valeur correspondante obtenue par la méthode des volumes finis est de 15.81. Cet accord entre les deux résultats prouve un haut degré de prédictibilité de notre modèle LBM. L'évolution du nombre de Nusselt en fonction du temps et son spectre de fréquence sont tracés sur la figure **3.7.** La moyenne temporelle du nombre de Nusselt est de 3.16.

3.3 Simulation d'écoulements à faibles nombres de Prandtl avec brisure de symétrie

On focalise cette section sur l'examen de l'aptitude de notre modèle LBM à prédire les seuils de transition pour les écoulements à faible nombres de Prandtl. Deux configurations sont sélectionnées pour leur importance pratique, les deux concernent des bains fondus métallique ($Pr \approx 10^{-2}$) qui représentent les configurations de base de croissance dirigée. Le premier cas concerne la cavité de Bridgman horizontale à parois

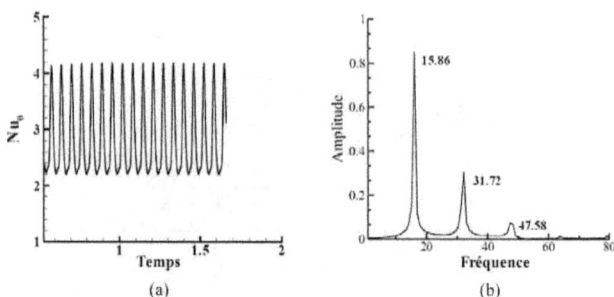

Figure 3.7: Historique du nombre de Nusselt $\overline{Nu}_0$ (a) et son spectre de fréquence (b). $Ar = 2$, $\varphi = 90°$ et $Ra = 10^5$.

horizontales rigides de rapport de forme 4 et le second cas est la cavité 2D chauffée par le bas à un quart supérieur adiabatique. Les deux situations sont largement considérées comme test des méthodes numériques de haute performance qui détaillent les scénarios de transition [15-17]. À notre connaissance, c'est la première fois que ce thème est abordé par la méthode de Boltzmann sur réseau. Dans cette section l'intensité de la convection est représentée par le nombre de Grashof, $Gr = Ra/Pr$. Nous adoptons dans ce qui suit les terminologies SS (steady symmetric: régime stationnaire), SAS (steady asymmetric) et P1 (periodic: périodique)

3.3.1 Transition à l'instationnarité en cavité de Bridgman verticale

La configuration du modèle de la cavité de Bridgman verticale est shématisée sur la figure **3.8**. La cavité est chauffée par le bas, refroidie par le haut. Les parois verticales sont chauffées et à quarts supérieurs adiabatiques. Le nombre de Prandtl est pris $Pr = 0.01$. L'écoulement résulte non seulement du gradient de température mais aussi de la configuration de Rayleigh-Bénard. Cette configuration est caractérisée par une brisure de symétrie dans l'écoulement du bain fondu dès les premiers nombres de Grashof. Pour $Gr = 10^3$, l'écoulement est stationnaire présentant deux cellules contrarotatives. Augmentons l'intensité de la convection (Gr), l'écoulement devient légèrement asymétrique pour $Gr = 2.5 \ 10^5$.

L'amplitude de la fonction de courant suit l'évolution du nombre de Grashof, sa valeur est de 0.3786 pour $Gr = 2.5 \ 10^5$ et de 0.3517 pour $Gr = 3 \ 10^5$. Donc un maximunm est atteint entre les deux valeurs du nombre de Grashof. Cette valeur critique, comme le montre le diagramme de la figure **3.9** est $Gr \approx 2.75 \ 10^5$ indiquant une brisure de symétrie dans la strucutre dynamique de l'écoulement caractérisant

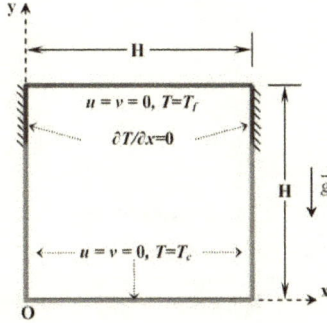

Figure 3.8: Configuration du modèle simplifié de la cavité de Bridgman verticale.

la transition SS-SAS. Ce comportement est confirmé par les études bidimensionnelles de Larroudé et al. [18] et les récentes études tridimensionnelles [19,22]. Un tableau comparatif **3.3** récapitule les différents résultats et les méthodes utilisées.

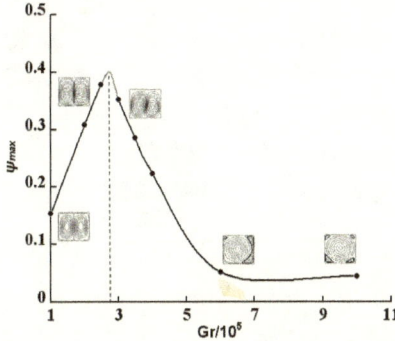

Figure 3.9: Diagramme des seuils de transitions en cavité de Bridgman verticale. Pr=0.01.

En augmentant le nombre de Grashof, l'écoulement demeure asymétrique et on observe une diminution de la cellule gauche pour l'augmentation de la cellule de droite. A $Gr = 10^6$, la structure dynamique est représentée par une grande cellule occupant le coeur de la cavité, avec deux petites cellules aux coins gauches et deux cellules liées à droites. Les tests de $Gr = 17.5 \ 10^5$ et $15.75 \ 10^5$ montrent que l'écoulement est instationnaire. A $Gr = 17.9 \ 10^5$, l'écoulement est purement périodique (indiquant une

- 89 -

Méthode	Symétrique $Gr = 2\ 10^5$ $\psi_{\max}$	Transition SS-SAS Gr	Transition SAS-P1 $Gr\ (f_c)$
Spect.(2D) [18]	-	2.5-3 10^5	20 10^5
MVF (3D) [19]	-	3 10^5	-
MVF (2D) [20]	0.290	3.50 10^5	17.5 10^5 (6.670)
LBM (2D) [21]	0.308	2.75 10^5	17.9 10^5 (7.033)

Tableau 3.3: Seuils de transitions pour le modèle de Bridgman vertical. Pr=0.01.

transition SAS-P1) avec une fréquence adimensionnelle $f_c = 7.033$, laquelle est très proche du résultat $f_c = 6.67$ obtenu par volumes finis [**20**].

3.3.2   Transition à l'instationnarité en cavité de Bridgman horizontale

Le modèle de la cavité de Bridgman horizontale est celui de la figure **3.1** avec $Ar = 4$ et $\varphi = 0°$. Le nombre de Prandtl est choisi $Pr = 0.015$.

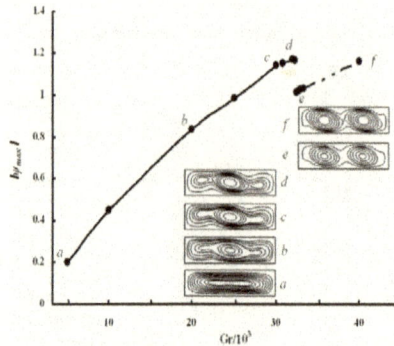

Figure 3.10: Diagramme de bifurcation pour le modèle de Bridgman horizontal à interface fixe. Pr=0.015.

Pour le $Gr = 5\ 10^3$, l'écoulement présente une seule cellule convective. Avec l'augmentation de Gr, la structure de l'écoulement subit un changement strict caractérisé par trois cellules contra-rotatives. Cette transition se produit à une valeur critique $Gr \approx 32000$. Notre résultat anisi que les résultats de littérature sont récapitulés au tableau **3.4**. Le diagramme de bifurcation est défini par le tracé du maximum de la fonction de courant en fonction du nombre de Grashof à la figure **3.10**. À proximité de ce point critique le nombre de Grashof est augmenté uniformément (par pas de 250). Pour $Gr = 32250$, l'écoulement demeure à trois cellules. Pour $Gr = 32500$, une

Méthode	Spectrale [23]	Spectrale [24]	MEF [25-26]	MDF [27]	MVF [24]	LBM [21]
Maillage	40×30	200×100	66×24	121×41	60×24	400×100
$Gr.10^{-3}$	33.3	32.996	33.002	32.5-33.5	32.5-33.5	32.0

Tableau 3.4: Brisure de symmétrie: point Hopf estimé par divers méthodes. Ar=4, Pr=0.015.

nouvelle transition est identifiée: la structure de l'écoulement devient à deux cellules. Le régime demeure stationnaire à deux cellules jusqu'à $Gr = 33330$. Nous choisissons d'exécuter un calcul pour $Gr = 40000$, un changement de la forme de la cellule est observé (voir la figure. **3.10** (f)), la fonction de courant augmente considérablement et aucune dépendance du temps n'est remarquée.

3.4 Accélération du régime stationnaire, application à la simulation des écoulements en milieux poreux

3.4.1 Présentation de la technique

L'accélération des calculs numériques est un sujet en développement continu dans les simulations numériques en dynamique des fluides. Ceci est encouragé par l'accroissement des capacités et des performances des nouvelles générations d'outils informatiques et le développement de nouvelles techniques d'accélération. Plusieurs techniques ont été incorporées à la méthode LBM comme mentionnée à la section 2.8.1.

Dans cette section nous allons implémenter la technique d'accélération développée par Guo et al. [**28**]. Cette technique consiste à modifier les expressions des fonctions de distribution d'équilibre et leurs paramètres de diffusion correspondants (viscosité ou diffusivité) en leur incorporant un paramètre γ comme suit:

pour la fonction de distribution d'équilibre de la densité en modèle D2Q9, on a:

$$\begin{cases} f_{k=0-8}^{eq} = \omega_k \rho [1 + \frac{3\overrightarrow{e}_k.\overrightarrow{u}}{c^2} + (\frac{9}{2} \frac{(\overrightarrow{e}_k.\overrightarrow{u})^2}{\gamma_v \ c^4} - \frac{1}{2} \frac{\overrightarrow{u}^2}{\gamma_v \ c^2})] \\ \tau_v = 3v/\gamma_v + 0.5 \end{cases} , \ 0 < \gamma_v \leq 1 \qquad (3.11)$$

pour l'approche du scalaire passif du champ scalaire en modèle D2Q4, on a:

$$\begin{cases} g_{k=1-4}^{eq} = \omega_k \theta (1 + \frac{2\overrightarrow{e}_k.\overrightarrow{u}}{\gamma_\alpha \ c^2}) \\ \tau_\alpha = 2\alpha/\gamma_\alpha + 0.5 \end{cases} , \ 0 < \gamma_\alpha \leq 1 \qquad (3.12)$$

pour l'approche de l'énérgie interne du champ scalaire en modèle D2Q9, on a:

$$\begin{cases} g^{eq}_{k=0-8} = \omega_k \rho \theta [\frac{3}{2}\frac{(\vec{e}_k^2 - \vec{u}^2)}{\gamma_\alpha c^2} + 3(\frac{3\vec{e}_k^2}{2c^2} - 1)\frac{(\vec{e}_k.\vec{u})}{\gamma_\alpha c^2} + \frac{9}{2}\frac{(\vec{e}_k.\vec{u})^2}{\gamma_\alpha c^4}] \\ \tau_\alpha = 1.5\alpha/\gamma_\alpha + 0.5 \end{cases} , \quad 0 < \gamma_\alpha \leq 1 \quad (3.13)$$

Les équations macroscopiques qui découlent de cette modification font intervenir le paramètre γ. Pour les équations de Navier-stokes, par exemple, nous avons:

$$\begin{cases} \frac{\partial(\rho\vec{u})}{\partial t} + \nabla(\rho\vec{u}) = 0 \\ \frac{\partial(\rho\vec{u})}{\partial t} + \frac{\nabla.(\rho\vec{u}\,\vec{u})}{\gamma} = -\frac{\nabla p'}{\gamma} + \frac{\nabla.(\rho v \nabla \vec{u})}{\gamma} \end{cases} \quad (3.14)$$

Où $p' = \gamma c_s^2 \rho$, donc les équations de Navier-Stokes sont retrouvées avec une nouvelle équation d'état par rapport à la dérivation du modèle de la méthode de Boltzmann standard. Ce qui définit une nouvelle vitesse du son $c'_s = \sqrt{\partial p'/\partial \rho} = \sqrt{\gamma}c_s$ et un nouveau nombre de Mach $Ma' = U_0/c'_s = Ma/\sqrt{\gamma}$. Le nombre de Mach est alors augmenté. Cette technique est considérée [28] comme un solveur multigrille en régime stationnaire des écoulements compressibles. Son accélération de la convergence en régime stationnaire pour l'écoulement de Couette suit la loi puissance $r_n = \gamma^{0.45}$, où r_n est le rapport des nombres d'itérations nécessaires à la convergence. En ajustant le paramètre γ on peut [28] réduire la différence entre les vitesses des ondes acoustiques et des ondes se propageant à la vitesse du fluide, et ainsi accélérer la convergence du schéma LBM. Les schémas LBM modifiées par le paramètres γ présentent trois avantages: plus de stabilité, accélération de la convergence et obtention des mêmes résultats en utilisant un maillage grossier c'est à dire réduction du coût de calcul. L'erreur dans ce modèle modifié est une fonction linéaire de (v/γ). Nous notons, alors, que pour comparer un modèle standard (v, $\gamma = 1$) au modèle modifié (v', $0 < \gamma < 1$), il est important de garder le même nombre de Mach, ce qui implique $v' = \sqrt{\gamma}v$.

L'extension de cette technique aux écoulementx sous champ de force externe a été effectué par Premnath et al. [29] pour des écoulements tridimensionnels de convection naturelle en présence de champ magnétique et en utilisant l'approche MRT de la méthode de Boltzmann.

La valeur optimale γ_{opt} a été encadrée [30] entre Ma et $1.5Ma$ pour le modèle D2Q9, dépendant de la configuration du problème et pour le modèle D3Q19, $\gamma_{opt} = 2Ma$.

La dérivation de l'équation de diffusion de la température modifiée en partant de l'équation (3.12) est démontrée à l'annexe B.

Dans la section suivante, nous allons utiliser deux modèles thermiques de la méthode LBM, ceux des équations (3.12): modèle I et (3.13): modèle II pour la simulation d'un écoulement bidimensionnel de convection naturelle en milieux poreux. Les modèles modifiés seront comparés aux modèles standards en premier lieu et entre eux en second lieu.

3.4.2 Écoulement de convection naturelle en milieux poreux

L'écoulement est modélisé par une cavité carrée poeuse et remplie d'un fluide de nombre de Prandtl Pr=1. La configuration est celle présentée à la figure **3.1** avec $\varphi = 0°$. Les équations du modèle généralisé gouvernant l'écoulement du fluide dans une matrice poreuse à l'échelle du volume élémentaire représentatif (VER) sont:

$$\begin{cases} \nabla \vec{u} = 0 \\ \left[\frac{\partial \vec{u}}{\partial t} + \nabla.\left(\vec{u}\,\vec{u}\,/\varepsilon \right) \right] = -\frac{1}{\rho_f} \nabla \left[\varepsilon p \right] + \frac{1}{\rho_f} \nabla.\left[\rho_f\, v_e \nabla \vec{u} \right] + \vec{F} \\ \Lambda \left[\frac{\partial \theta}{\partial t} + \nabla.\left(\vec{u}\theta \right) \right] = \nabla.\left[k_e \nabla \theta \right] \end{cases} \qquad (3.15)$$

Avec ε est la porosité de la matrice poreuse, ρ_f est la densité du fluide, v_e, k_e et $\Lambda = \varepsilon(\rho C_p)_f + (1-\varepsilon)(\rho C_p)_s$ sont la viscosité effective, la conductivité effective et la capacité calorifique moyenne du volume fluide-solide. $\vec{F} = \varepsilon \vec{g}\ \beta \Delta T\ \theta - \varepsilon \frac{v_e}{\kappa} \vec{u} - \varepsilon F_\varepsilon \sqrt{||\vec{u}||.\vec{u}/\kappa}$ est le terme force tenant compte de la force de gravité et des termes de dissipation linéaire et non-linéaire dus à la matrice poreuse. Si les paramètres caractéristiques du milieu (porosité ε et diamètre des particules formant la matrice poreuse Φ) sont définis, la relation entre la perméabilité et la porosité est évaluée à l'aide du modèle de Kozeny-Carman $\kappa = \varepsilon^3 \Phi^2/36\eta(1-\varepsilon)^2$, où η est un facteur de structure compris entre 4 et 5 [**31**]. En prenant $\eta = 4.167$, on rejoint les relations établies expérimentalement par Ergun, soient $\kappa = \varepsilon^3 \Phi^2/150(1-\varepsilon)^2$ et $F_\varepsilon = 1.75/\sqrt{150\varepsilon^3}$. On supposera que $v_e = v_f$ et $k_e = k_f$ et $\Lambda = (\rho C_p)_f$. Nous mentionnons que juste la fonction de distribution d'équilibre de la densité est modifiée par l'existence du milieu poreux [**32**].

L'écoulement est caractérisé par les nombres adimensionnels, nombre de Rayleigh et nombre de Darcy, soient:

$$Ra = \frac{g\beta \Delta T H^3}{v\alpha} \text{ et } Da = \frac{\kappa}{H^2} \qquad (3.16)$$

Le nombre de Rayleigh varie dans la gamme $10^4 \leq Ra \leq 10^6$, le nombre de Darcy varie dans la gamme $10^{-4} \leq Da \leq 10^{-2}$, et la porosité ε varie entre 0 et 1.

Les deux modèles à tester sont:

modèle I (D2Q9-D2Q4) défini par:

$$\begin{cases} f_{k=0-8}^{eq} = \omega_k \rho [1 + \frac{3\vec{e}_k.\vec{u}}{c^2} + (\frac{9}{2} \frac{\left(\vec{e}_k.\vec{u}\right)^2}{\varepsilon\ \gamma_v\ c^4} - \frac{1}{2} \frac{\vec{u}^2}{\varepsilon\ \gamma_v\ c^2})] \\ g_{k=1-4}^{eq} = \omega_k \theta (1 + \frac{2\vec{e}_k.\vec{u}}{\gamma_\alpha\ c^2}) \end{cases} , \ \gamma_\alpha = \gamma_v = 0.1 \qquad (3.17)$$

modèle II (D2Q9-D2Q9) défini par:

$$\begin{cases} f^{eq}_{k=0-8} = \omega_k \rho [1 + \frac{3\overrightarrow{e}_k.\overrightarrow{u}}{c^2} + (\frac{9}{2} \frac{(\overrightarrow{e}_k.\overrightarrow{u})^2}{\varepsilon \ \gamma_v \ c^4} - \frac{1}{2} \frac{\overrightarrow{u}^2}{\varepsilon \ \gamma_v \ c^2})] \\ g^{eq}_{k=0-8} = \omega_k \rho \theta [\frac{3}{2} \frac{(\overrightarrow{e}^2_k - \overrightarrow{u}^2)}{\gamma_\alpha \ c^2} + 3(\frac{3\overrightarrow{e}^2_k}{2c^2} - 1)\frac{(\overrightarrow{e}_k.\overrightarrow{u})}{\gamma_\alpha \ c^2} + \frac{9}{2} \frac{(\overrightarrow{e}_k.\overrightarrow{u})^2}{\gamma_\alpha \ c^4}] \end{cases}, \ \gamma_\alpha = \gamma_v = 0.1$$

$$(3.18)$$

Le terme force dans l'équation (3.15) est pris en compte par la relation (2.25). Les résolutions sont choisies 80^2, 128^2 et 176^2 pour $Ra = 10^4$, 10^5 et 10^6 respectivement et les viscosités v sont choisies respectivement 0.01, 0.075 et 0.005 pour les modèles standards et $v' = \sqrt{\gamma}v$ pour les modèles modifiés. Ces paramètres de diffusion sont choisis en respectant la condition $Ma < 0.15$. La condition de convergence est définie par:

$$|\frac{\overline{Nu}_0(t + 5000) - \overline{Nu}_0(t)}{\overline{Nu}_0(t)}| < 10^{-4} \qquad (3.19)$$

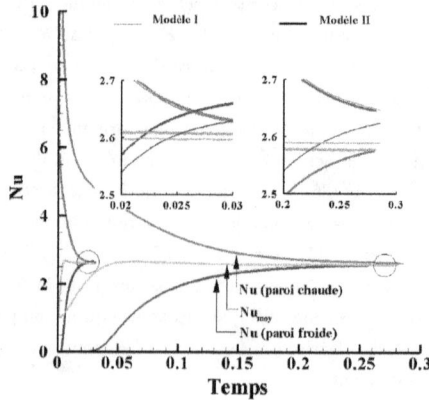

Figure 3.11: Comparaison de convergence pour les modèles I et II standards et accélérés.

Les résultats de simulations numériques sont illustrés au tableau **3.5** en comparaison avec des résultats de littérature utilisant différentes méthodes. Les résultats présentent aussi le nombre d'itérations consommé par simulation pour les deux modèles testés. Le nombre d'itérations est présenté en unité de *5000 itérations*.

D'après la figure **3.11** on remarque bien que les historiques des nombres de Nusselt moyens à la paroi chaude, à la paroi froide et dans toute la cavité sont indiscernables pour les deux modèles I et II et ce dans leurs formes standards ou accélérées. La technique d'accélération adoptée préserve bien le temps de calcul.

Da	Ra	Résultats	$\varepsilon = 0.4$	itér.	$\varepsilon = 0.6$	itér.
10^{-4}	10^5	Réf. [32]	1.066		1.068	
		Réf. [33]	1.064		1.066	
		Réf. [34]	1.067		1.071	
		modèle I	1.0705	81×	1.0749	86×
		modèle II	1.0679	78×	1.0758	81×
	10^6	Réf. [32]	2.603		2.703	
		Réf. [33]	2.580		2.686	
		Réf. [34]	2.550		2.735	
		modèle I	2.6068	119×	2.7308	124×
		modèle II	2.5970	126×	2.7135	127×
10^{-2}	10^4	Réf. [32]	1.367		1.499	
		Réf. [33]	1.359		1.489	
		Réf. [34]	1.408		1.530	
		modèle I	1.3579	32×	1.4877	37×
		modèle II	1.3568	29×	1.4864	37×
	10^5	Réf. [32]	2.988		3.422	
		Réf. [33]	2.986		3.430	
		Réf. [34]	2.983		3.555	
		modèle I	2.9822	48×	3.4236	51×
		modèle II	2.9774	59×	3.4202	50×

Tableau 3.5: Comparaison des différents nombres de Nusselt moyens pour Pr=1.

Il est clair, d'après les résultats du tableau **3.5**, que (i) nos résultats sont en excellent accord avec les résultats de la littérature pour toutes les gammes testées du nombre de Rayleigh Ra, du nombre de Darcy Da et de la porosité ε; (ii) les deux modèles donnent quasiment le même résultats à une différence en $O(10^{-3})$; les deux modèles présentent le même chemin de convergence (d'après figure **3.11**) et prennent quasiment le même nombre d'itérations pour converger.

Il est important de noter que, malgré que les deux modèles présentent les mêmes propriétés, on a constaté que la convergence pour le modèle I est plus rapide que pour le modèle II. Les simulations sont lancées en parallèle. Une estimation des temps de calcul pris pour 5000 itérations de calcul sur le serveur de calcul CALI donne ~ 44 secondes pour le modèle I et $\sim$59 secondes pour le modèle II. Ceci est dû au fait que la population thermique du modèle I est un D2Q4 alors que celle du modèle II est un D2Q9, donc le modèle II prend plus de temps par noeud, à l'addition du temps pris par les opérations supplémentaires dûes à sa fonction de distribution d'équilibre qui est plus complexe que celle du modèle I.

En augmentant les valeurs des viscosités, les temps de calcul sont réduits considérablement, par exemple pour le modèle II à Da=10^{-4}, Ra=10^6 et ε =0.4: $\overline{Nu}_0$ =2.6264 et le nombre d'itérations est de 51×5000 à $v = 0.01$ contre $\overline{Nu}_0$ =2.5970 et le nombre d'itérations est de 126×5000 à $v' = \sqrt{0.1} \times 0.005$: nous remarquons ainsi qu'à $v = 0.01$, la valeur du nombre de Nusselt dévie des résultats de références. Nous ajoutons aussi pour ces mêmes caractéristiques de l'écoulement les modèles I et II standards (non accélérés) donnent respectivement $\overline{Nu}_0 = 2.5766$ pour 354×5000 itérations faites en 15667 secondes contre $\overline{Nu}_0 = 2.588$ pour 349×5000 itérations faites en 20607 secondes. Le modèle I préserve donc plus le temps de calcul dans ses formes standard et accélérée tout en donnant les mêmes résultats.

Les lois de convergence pour ces deux modèles ne peuvent pas être déduites du graphe **3.11,** par ce qu'on utilise des diffusités différentes pour réduire le temps: le temps adimensionnel ne peut pas donc refléter les lois de convergence ici. En supposant que les lois convergence (rapport des temps ou nombre d'itérations accéléré/standard mis pour converger) suivent des lois puissance en γ, soit $r_n = \gamma^a$ où a est une constante, on trouve donc pour le modèle I : $119/354 = \gamma^a$ et pour le modèle II: $126/349 = \gamma^a$, ce qui donne $a_I \simeq 0.473$ et $a_{II} \simeq 0.443$, ce qui est en très bon accord avec le résultat dans [**28**], $a \simeq 0.45$, présenté à la section précédente.

3.5 Conclusions

Dans ce chapitre nous avons validé notre modèle de la méthode de Boltzmann sur réseau (LBM) sur trois cas tests. Globalement, les solutions données par notre modèle sont en très bon accord avec les résultats de la littérature qualitativement et quantitativement. Dans le cas de la cavité différentiellement chauffée, notre modèle a donné d'excellents résultats pour une variété de paramètre et ce en régime stationnaire et instationnaire. Dans le cas d'écoulements à faible nombre de Prandtl, notre modèle s'avère capable de capter , avec un haut degré, les seuils de transition de régimes (SS-SAS, SAS-P1, ...). Les solutions dans ce cas sont en bon accord avec les solutions de la littérature pour des méthodes de hautes performances. Dans le cas d'écoulement en milieux poreux, une comparaison est faite pour les deux modèles LBM thermiques: scalaire passif et énergie interne, dans leurs formes standards et accélérées et a mené aux conclusions: (i) les résultats des deux modèles sont en bon accord avec les résultats de référence, (ii) la technique d'accélération s'avère très efficace en préservant considérablement le temps de calcul, (iii) les deux modèles présentent le même schéma de convergence (même nombre d'itérations et même historique temporel) mais le modèle I est plus rapide que le modèle II, dû au nombre d'opérations effectuées par nœud.

Suite à cette caractérisation, le modèle thermique I (approche du scalaire passif sur réseau D2Q9-D2Q4) présente plus d'avantages sur le modèle thermique II (approche d'énergie interne sur réseau D2Q9-D2Q9). Ce modèle sera adopté pour la simulation de jet de plasma au chapitre suivant.

Bibliographie

[1] R. Djebali, M. El Ganaoui, H. Sammouda and R. Bennacer; Some benchmarks of a side wall heated cavity using lattice Boltzmann approach; FDMP, vol.164, n°1, pp. 1-21, 2009.

[2] G. de Vahl Davis; Natural convection of air in a square cavity: A benchmark numerical solutions, Int. J. Numer. Methods Fluids, 3, pp. 249-264, 1983.

[3] C. Shu, B. C. Khoo, K. S. Yeo, Y.T. Chew; Application of the GDQ scheme to simulate natural convection in square cavity; Int. Com. in Heat and Mass Transfer, Vol. 21, No. 6, pp. 809-817, 1994

[4] F. Kuznik , J. Vareilles, G. Rusaouen, G. Krauss; A double-population lattice Boltzmann method with non-uniform mesh for the simulation of natural convection in a square cavity; Int. J. of Heat and Fluid Flow, 28, pp. 862-870, 2007.

[5] K.A.R. Ismail, V. L. Scalon; A finite element free convection model for the side wall heated cavity, Int. J. Heat Mass Transfer, 43, pp. 1373-1389, 2000.

[6] J. Onishi, Y. Chen and H. Ohashi; Lattice Noltzmann simulation of natural convection in squre cavity; JSME, Serie B, Vol. 44, n°1, pp. 53-62, 2001.

[7] J. W. Elder; Numerical experiments with free convection in a vertical slot; Journal of Fluid Mechanics; 24:4, pp. 823-843, 1966.

[8] A. Bejan; Note on Grill's solution for free convection in a vertical enclosure, J. Fluid Mech.; 90, pp. 561-568, 1979.

[9] B.M. Berkovsky, V.K. Polevikov, Numerical study of problems on high-intensive free convection, in: D.B. Spalding, N.Afghan (Eds.), Heat Transfer and Turbulent Buoyant Convection, Vol.II, Hemisphere, Washington, DC, pp.443-455, 1977 .

[10] L.C. Thomas, Heat Transfer, Prentice-Hall, Englewood Cliffs, NJ, p. 585, 1993.

[11] R.M. Kerr and J.R. Herring; Prandtl number dependence of Nusselt number in DNS; J. Fluid Mech., vol. pp. 1-22 , 1999.

[12] J. M. Hyun and J. W. Lee; Numerical solutions for transient natural convection in a square cavity with different sidewall temperatures; Int. J. Heat and Fluid Flow, Vol. 10, No. 2, pp. 46-51, 1989.

[13] H. Ozoe, H. Sayama, Natural convection in an inclined rectangular channel at various aspect ratios and angles-Experimental measurements; Int. J. Heat Mass transfer, Vol. 18, pp. 1425-1431, 1975.

[14] R. Djebali, M. El Ganaoui and H. Sammouda; Investigation of a side wall heated cavity by using lattice Boltzmann method; ; European Journal of Computational Mechanics, vol 18/2, pp.217-238, 2009.

[15] M. El Ganaoui, P. Bontoux; A homogenization method for solid–liquid phase change during directional solidification; HTD-vol. 361-5, in: Proceeding of the ASME Heat Transfer Division, vol. 5, ASME, 1998.

[16] J.P. Pullicani, E.C. Del Arco, A. Randriamampianina, P. Bontoux, R. Peyret; Spectral simulations of oscillatory convection at low Prandtl number; Int. J. of Num. Meth. in Fluids, vol. 10, n^o5, pp. 481-517, 1990.

[17] H. Zhou, A. Zebib; Oscillatory convection in solidifying pure metal; Numerical Heat Transfer, Part A, 22, pp. 435-468, 1992.

[18] P. Larroudé, J. Ouazzani, L.I.D. Alexander, P. Bontoux; Symmetry breaking flow transitions and oscillatory flows in a 2D directional solidification model; European Journal of Mechanics, B 13 (3), pp. 353-381, 1994.

[19] Bennacer R., M. El Ganaoui and E. Leonardi; Symmetry breaking of melt flow typically encountered in a Bridgman configuration heated from below; Applied Mathematical Modelling; 30, pp. 1249-1261, 2006.

[20] A. Semma; Etude numérique des transferts de chaleur et de masse durant la croissance dirigée : effet de paramètres de contrôle; Thèse de doctorat de l'école Mohammadia d'Ingénieurs, Université Mohamed V, Maroc, 2004.

[21] M. El Ganaoui, R. Djebali; Aptitude of a lattice Boltzmann method for evaluating transitional thresholds for low Prandtl number flows in enclosures; C.R. Mécanique, 338, pp. 385-396, 2010.

[22] F. Mechighel, M. El Ganaoui, M. Kadja, B. Pateyron, S. Dost; Numerical simulation of three dimensional low Prandtl liquid flow in a parallelepiped cavity under an external magnetic field; Fluid Dynamics & Materials Processing (FDMP) 5 (4), pp. 313–330, 2009.

[23] P. Pulicani, A. Crespo del Arco, A. Randriamampianina, P. Bontoux, and R.Peyret; Spectral simulations of oscillatory convection at low Prandtl number; Intl J. Numer. Methods Fluids, 10, pp. 481-517., 1990.

[24] A. Y. Gelfgat, P. Z. Bar-Yoseph, A. L. Yarin; Stability of multiple steady states of convection in laterally heated cavities; J. Fluid Mech., vol. 388, pp. 315-334, 1999.

[25] K.H. Winters; Oscillatory convection in liquid metals in a horizontal temperature gradient; Int J. Numer. Methods Engng, 25, pp. 401-414, 1988.

[26] K.H. Winters; A bifurcation analysis of oscillatory convection in liquid metals. Proc. GAMM Workshop on Numerical Solution of Oscillatory Convection in Low Prandtl Number Fluids (ed. B. Roux). Notes on Numerical Fluid Mechanics; vol. 27 , pp. 319-326, 1990. Vieweg, Braunschweig.

[27] H. Ben Hadid and B. Roux; Buoyancy-driven oscillatory flows in shallow cavities filled with low-Prandtl number fluids, In Proc. GAMM Workshop on Numerical Solution of Oscillatory Convection in Low Prandtl Number Fluids (ed. B. Roux). Notes on Numerical Fluid Mechanics, vol. 27, pp. 25-33, 1990. Vieweg, Braunschweig.

[28] Z. Guo, T. S. Zhao, and Yong Shi; Preconditioned lattice-Boltzmann method for steady flows; Physical review E 70, 066706, 2004.

[29] K. N. Premnath, M. J. Pattison, Sanjoy Banerjee; Steady state convergence acceleration of the generalized lattice Boltzmann equation with forcing term through preconditioning; Journal of Computational Physics, 228,pp. 746-769, 2009.

[30] S. Izquierdo, N.Fueyo; Optimal preconditioning of lattice Boltzmann methods; Journal of Computational Physics, 228, pp. 6479-6495, 2009.

[31] L.S. De B. Alves, H.L. Neto and R.M. Cotta; Parametric analysis of the stream function time derivative in the Darcy-flow model for transient natural convection; Proceedings of the 2nd International Conference on Computational Heat and Mass Transfer, Brazil, October 22-26, 2001.

[32] Z. Guo and T.S. Zhao; A lattice Boltzmann model for convection heat transfer in porous media; Numerical Heat Transfer, Part B, 47, pp. 157-177, 2005.

[33] S. Succi, E. Foti, and F. Higuera, Three-dimensional flows in complex geometries with the lattice Boltzmann method, Europhys. Lett., vol. 10, pp. 433-438, 1989.

[34] S. Chen and G. D. Doolen; Lattice Boltzmann method for fluid flows, Annu. Rev. Fluid Mech., vol. 30, pp. 329-364, 1998.

Chapitre 4

Etude de la projection plasma atmosphérique

4.1 **Introduction** **101**
4.2 **Simulation des jets de plasma axisymétriques et turbulents 102**
    4.2.1 Développement des modèles LB axisymétriques 102
    4.2.2 Adaptation de LBM à la projection plasma 102
    4.2.3 Simulation du jet plasma 107
    4.2.4 Conclusions: avantages de la méthode de résolution LB relativement aux méthodes de résolution CFD classiques 113
4.3 **Etude des phénomènes de transport et de transfert plasma-particules** **114**
    4.3.1 Transport de particules 115
    4.3.2 Transfert thermique plasma-particules 117
    4.3.3 Résultats 118
4.4 **Conclusions** **132**

4.1 Introduction

Ce chapitre est consacré à l'étude du procédé de projection par plasma d'arc soufflé atmosphérique par la méthode de Boltzmann sur réseau. Le chapitre est divisé en deux grandes parties. La première partie est consacrée à la simulation de jets de plasma en utilisant une nouvelle formulation dans le but d'étendre l'application de la méthode de Boltzmann au traitement des écoulements dont les paramètres thermophysiques dépendent fortement de la température. Les résultats sont analysés et comparés aux résultats expérimentaux et numériques antérieurs. La deuxième partie, est focalisée sur l'étude des interactions des particules avec le gaz chaud durant leurs séjours, caractérisés par les phénomènes de transport et de transferts de chaleur et, s'il y en a, de masse.

4.2 Simulation des jets de plasma axisymétriques et turbulents

4.2.1 Développement des modèles LB axisymétriques

La formulation de l'équation de Boltzmann sur réseau standard est fondée sur un système de coordonnées cartésiennes et ne prend pas en compte la symétrie axiale qui peut exister. Divers situations d'écoulements fluides existent, où la dynamique de l'écoulement est axisymétrique. Ces écoulements axisymétriques représentent une classe importante des problèmes pratiques d'écoulements [1-6]. Dans la littérature, plusieurs modèles LB quasi-bidimensionnels efficaces ont été développés pour les écoulements isothermes axisymétriques [4, 7-11]. Halliday et al. [7] ont proposé un modèle axisymétrique D2Q9 en ajoutant des termes source dans le LBE afin qu'il puisse converger au niveau macroscopique vers les équations de Navier-Stokes axisymétriques. Cependant, il est démontré dans [4] que ce modèle omet certains termes ce qui conduirait à des erreurs importantes dans la simulation des écoulements en conduite avec changement de diamètre. Plus tard, Zhou [8] a élaboré un modèle fondé sur les équations de Navier-Stokes axisymétriques, ce modèle présente l'avantage de retrouver correctement les équations macroscopiques pour les écoulements incompressibles axisymétriques grâce au développement de Chapman-Enskog. Les termes additifs qui apparaissent dans l'équation de Boltzmann qui en découle sont traités en fonction du moment au second ordre de la partie non-équilibrée de la fonction de distribution, ce qui permet un calcul local et évite les dérivations. Par ailleurs, il convient de souligner que dans les modèles existants la vitesse azimutale est généralement ignorée. Un premier modèle utilisant une méthode hybride (LBM-DF) pour simuler la croissance des cristaux de Czochralski est développée par Peng et al. [1], qui utilisent un schéma aux différences finies pour résoudre les équations de vitesse azimutale et d'énergie. Cependant, Huang et al. [9] ont constaté que ce modèle LB hybride est instable pour les écoulements à hauts nombres de Reynolds, et ils proposent un modèle LBE incompressible améliorée en stabilité, mais ce modèle -lui aussi- utilise des termes forces compliqués. Pour surmonter ces limitations, récemment Guo et al. [10-11] ont conçu un modèle LB axisymétrique, efficace et précis de l'équation de Boltzmann. Ce modèle présente l'avantage de retrouver correctement les équations de conservation de masse, quantité de mouvement et énergie.

La majorité des modèles LB mentionnés précédemment sont limités à des écoulements axisymétriques athermiques et très peu de modèles LB axisymétriques thermiques ont été proposés [1, 9, 12,13].

4.2.2 Adaptation de LBM à la projection plasma

Les écoulements des jets forment un champ important pour la recherche scientifique et les applications industrielles (séchage industriel, ...). Ils présentent, aussi, une spécificité certaine liée à leurs comportements en immersion en comparaison aux écoulements dans les espaces confinés, avec de plus la complexité du traitement des conditions aux limites pour les études numériques. Les jets plasma appartiennent à cette cathégorie et nécessitent un traitement approprié en raison des températures élevées (> 8000K) et des vitesses élevées.

Symétrique ou axisymétrique

La première tentative de représentation des jets plasma par la méthode de Boltz-mann est attribuée à Zhang et al. [14]. Les équations de conservations en système de coordonnées cartésiens sont résolues par un modèles LBM thermique à double populations D2Q7-D2Q7. L'auteur a conclu dans cette étude que la méthode permet un gain appréciable en temps d'exécution par comparaison aux méthodes convention-nelles, bien qu'un écart est nettement observé entre ses résultats et la littérature. Cet écart est dû au fait que la quasi-totalité des études considèrent le jet plasma comme axisymétrique ou le traitent dans un système de coordonnées cylindriques, alors que l'auteur le traite comme un jet plan symétrique.

Modèle d'étude

Nous avons retenu le modèle d'étude qui repose sur les hypothèses suivantes:
   ▷   le jet plasma est immergé dans une atmosphère de gaz identique,
   ▷   l'écoulement du jet plasma est instationnaire au cours de la simulation, axisymétrique et turbulent,
   ▷   le plasma est en équilibre thermodynamique local (ETL) et supposé optiquement mince (aux radiations),
   ▷   toutes les propriétés thermophysiques du plasma sont fonctions de la température,
   ▷   la composante azimutale de la vitesse (swirling velocity) dans le jet plasma peut être négligée devant les autres composantes,
   ▷   le jet plasma est incompressible et obéit donc à la condition de faible nombre de Mach, par suite les travaux de compression et les dissipations visqueuses peuvent être négligés dans l'équation de l'énergie,
   ▷   les effets de la gravités sont négligés.
En se basant sur les hypothèses mentionnées ci-haut, les équations de conservation de la masse, de la quantité de mouvement et de l'énergie écrites dans le système de coordonnées cylindriques (z, r) sous formes tensorielles sont les suivantes:

$$\frac{\partial u_j}{\partial x_j} = -\frac{u_r}{r} \tag{4.1a}$$

$$\frac{\partial u_j}{\partial t} + u_j \frac{\partial u_i}{\partial x_j} = -\frac{1}{\rho}\frac{\partial p}{\partial x_i} + \upsilon \frac{\partial^2 u_i}{\partial x_j^2} + \frac{\upsilon}{r}\frac{\partial u_i}{\partial r} - \frac{\upsilon\, u_i}{r^2}\delta_{ir} \tag{4.1b}$$

$$\frac{\partial \theta}{\partial t} + u_j \frac{\partial \theta}{\partial x_j} = \alpha \frac{\partial^2 \theta}{\partial x_j^2} + \frac{\upsilon}{r}\frac{\partial \theta}{\partial r} \tag{4.1c}$$

où t est le temps, x_j joue pour r et z, u_r et u_z sont les composantes radiale et axiale de la vitesse, ρ est la densité, p est la pression, υ et α sont la viscosité cinématique et la diffusivité thermique respectivement, $\theta = (T - T_{\min})/(T_{\max} - T_{\min})$ est la température adimensionnelle du plasma et δ_{ir} est le symbole de Kronecker.

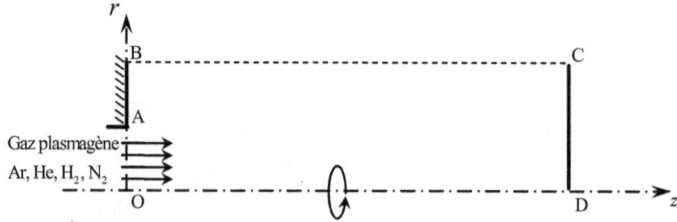

Figure 4.1: Domaine d'étude

En raison de l'axisymetrie, le domaine de calcul du jet plasma est un demi-plan comme illustré à la figure **4.1.**

où OA=R=4mm est le rayon de la torche, AB=11 × R est l'épaisseur de la l'anode et OD=L=100mm est la longueur du jet, laquelle est observée expérimentalement.

▷ Conditions aux limites:

- AB: mur rigide (non-glissement) $\overrightarrow{u} = \overrightarrow{0}$ et $\theta = 0$ (T=T_{min}=300K),

- BC: frontière libre $\partial\phi/\partial r = 0$, $\phi = u_r$, u_z ou θ,

- CD: cette frontière sera décidée selon qu'on dispose d'une pièce à traiter (mur rigide) ou non (frontière libre),

- OD: axe de symétrie $\partial\phi/\partial r = 0$, $\phi = u_r$, u_z ou θ,

- OA: flux entrant, elle est gouvernée par les conditions d'entrée suivantes:

$$\begin{cases} u_e = u_{\max}\left(1 - \eta^n\right) \\ T_e = \left(T_{\max} - T_{\min}\right)\left(1 - \eta^m\right) + T_{\min} \end{cases} \quad (4.2)$$

avec $u_{\max}$ et $T_{\max}$ sont la vitesse et la température sur l'axe de la torche, $\eta = r/R$ et n et m sont deux coefficients généralement déterminés en écrivant les conservations des flux (débit massique et puissance nette de la torche) à la sortie de la tuyère. Une revue de la littérature montre la non universalité du choix de ces paramètres. Des profils plats à l'entrée correspondent à des coefficients n et m infinis.

▷ Condition initiale:

- seulement la condition $\rho(r, z) = \rho_0 = 0.027 kg/m^3$ est adoptée et toutes les autres variables de l'écoulement sont prises nulles.

Rappelons au lecteur qu'il a été conclu au chapitre précédent que le modèle thermique à double population D2Q9-D2Q4 est une combinaison recommandée pour aborder les écoulements non-isothermes, permettant à la fois un gain appréciable en temps de calcul et des résultas de même qualité que les autres modèles LB.

Pour sa simplicité, le modèle axisymétrique de Zhou [8] sera retenu dans cette étude. Ce modèle peut être écrit sous la forme suivante:

$$f_k(\overrightarrow{x} + \overrightarrow{e}_k\Delta t, t + \Delta t) = f_k(\overrightarrow{x}, t) - \frac{1}{\tau_\upsilon}[f_k - f_k^e] + \Delta t F_1 + \frac{\Delta t}{6}\mathbf{e}_{ki}\mathbf{F}_{2i}, \quad k = 0, 8 \quad (4.3)$$

où

$$F_1 = -\frac{\rho}{9}\frac{u_r}{r} \qquad (4.4)$$

est un terme source qui découle de l'équation de continuité, et

$$\mathbf{F}_{2i} = -\rho[\frac{u_i u_r}{r} - \frac{\mathbf{u}}{r}\frac{\partial u_i}{\partial r} + \frac{\mathbf{u}}{r}\frac{u_i}{r}], \ \ i = r, z \qquad (4.5)$$

est un terme force découlant de l'équation de la quantité de mouvement.

Pour plus de renseignements sur ce modèle, le lecteur peut se référer à l'auteur [8].

Pour le transport de l'énergie, l'équation d'évolution de la température dans un réseau de Boltzmann à quatre vitesses discrètes est écrite comme suit:

$$g_k(\overrightarrow{x} + \overrightarrow{e}_k\Delta t, t + \Delta t) = g_k(\overrightarrow{x}, t) - \frac{1}{\tau_\alpha}[g_k - g_k^e] + 0.25\Delta t\,(1 - 1/2\tau_\alpha)\,S \qquad (4.6)$$

avec

$$S = \frac{\alpha}{r}\frac{\partial\theta}{\partial r} \qquad (4.7)$$

est un terme source et peut être résolu par un schéma aux différences finies simples. Nous utilisons dans notre cas un schéma aux différences finies d'ordre deux, soit:

$$\frac{\partial\theta}{\partial r} = \frac{3\theta(z, r+1) - 4\theta(z, r) + \theta(z, r-1)}{2} \qquad (4.8)$$

Un traitement particulier est nécessaire pour les frontières OD et BC.

Les temps de relaxation sont définis par:

$$\begin{cases} \upsilon = \frac{1}{3}\left(\tau_\upsilon - \frac{1}{2}\right)\Delta x^2/\Delta t \\ \alpha = \frac{1}{2}\left(\tau_\alpha - \frac{1}{2}\right)\Delta x^2/\Delta t \end{cases} \qquad (4.9)$$

Les grandeurs macroscopiques sont déduites par:

$$\begin{cases} \rho(\overrightarrow{x}, t) = \sum_{k=0,8} f_k \\ \rho\overrightarrow{u}(\overrightarrow{x}, t) = \sum_{k=0,8} f_k\,\overrightarrow{e}_k \\ \theta(\overrightarrow{x}, t) = \sum_{k=1,4} g_k + (\Delta t/2)\,S \end{cases} \qquad (4.10)$$

Turbulence

Il est important de mentionner que les jets plasma sont turbulents entres les franges mais laminaires dans l'ensemble. Le caractère turbulent vient des forts gradients de température (>200K/mm dans le coeur du jet) et de vitesse (>10m/s/mm). Une approche commune dans la modélisation de la turbulence est due à Smagorinsky [15]. Cette approche est fondée sur l'idée de viscosité de sous-maille υ_t calculée à partir d'une hypothèse de Prandtl sur la longueur de mélange et à partir d'arguments dimensionnels. Cette technique permet d'atteindre les informations instationnaires en moins de temps de calcul; elle résout seulement les grandes échelles (Large Eddy Simulation: LES) qui entrainent la dynamique de l'écoulement, alors que les petites échelles dissipatives sont modélisées par le modèle des sous-mailles (sub-grid model

SGS). La séparation entre les échelles résolues et les échelles modélisées est formalisée mathématiquement en appliquant un opérateur de convolution (filtre) aux équations de Navier-Stokes, ce qui introduit la largeur du filtre Δ.

Dans cette technique, la partie anisotrope (déviatorique) du terme des contraintes de Reynolds dans l'équation de la quantité de mouvement (voir [16] pour plus d'explication sur les opérations de filtrage et les équations filtrées) est modélisée par:

$$\vartheta_{ij} - \frac{\vartheta_{kk}}{3}\delta_{ij} = -2v_t\overline{S}_{ij} = -2\left(C\Delta\right)^2|\overline{S_{ij}}|\overline{S}_{ij} \qquad (4.11)$$

où $\frac{\vartheta_{kk}}{3}\delta_{ij}$ est la partie isotrope du terme contraintes de Reynolds, à intégrer dans la pression, v_t est la viscosité cinématique turbulente, $\overline{S}_{ij}$ est le tenseur taux de déformation des grandes échelles de module $|\overline{S_{ij}}| = \sqrt{2\overline{S}_{ij}\overline{S}_{ij}}$, C est la constante de Smagorinsky (généralement prise entre 0.06 et 0.24 selon les types des écoulements) et $\Delta = \Delta r = \Delta z$ est la largeur du filtre.

La modélisation des grandes échelles dans la méthode LBM est simplement effectuée par réajustement local du temps de relaxation, la viscosité effective v_{eff} est donc la somme de la viscosité moléculaire v et la viscosité turbulente v_t définie comme suit (pour le réseau D2Q9):

$$v_{eff} = \frac{\tau_{v-eff} - 0.5}{3} = v + v_t = v + \left(C\Delta\right)^2|\overline{S_{ij}}| \qquad (4.12)$$

Heureusement !, dans la méthode LBM le tenseur taux de déformation est calculé localement à partir du moment du second ordre de la partie non-équilibrée de la fonction de distribution, sans avoir recours aux différenciations de la vitesse:

$$\overline{S}_{ij} = -\frac{3}{2}\frac{1}{\Delta t\rho(x,t)\tau_{v-eff}}\sum_{k=0,8}\overrightarrow{e}_{ki}\overrightarrow{e}_{kj}\left(f_k - f_k^{eq}\right) \qquad (4.13)$$

Une équation du second degré en τ_{v-eff} est donc obtenue, et qui amène à la solution:

$$\tau_{v-eff}(\overrightarrow{x},t) = \left(\tau_v + \sqrt{\tau_v^2 + 18\left(C\Delta\right)^2|\overline{Q_{ij}}|/\rho(x,t)}\right) \qquad (4.14)$$

avec $\overline{Q}_{ij} = \sum_{k=0,8}\overrightarrow{e}_{ki}\overrightarrow{e}_{kj}\left(f_k - f_k^{eq}\right)$.

De façon similaire pour le champ thermique, le temps de relaxation est réajusté en utilisant la nouvelle diffisivité thermique:

$$\alpha_{eff} = \frac{\tau_{\alpha-eff} - 0.5}{2} = \alpha + \alpha_t = \alpha + v_t/Pr_t \qquad (4.15)$$

où Pr_t est le nombre de Prandtl turbulent, généralement pris entre 0.3 et 1.

Conversion entre unités du réseau LB et unités Physiques

Comme cela a été mentionné plus haut, les jets de plasma sont des écoulements à hautes températures; de ce fait, tous les paramètres thermophysiques sont dépendants de la température. Les tables de variations de ces quantités sont disponibles grâces au code T&TWinner [17]. Pour tenir compte de ce comportement et représenter réellement les jets de plasma, nous avons à décrire le chemin donnant les conversions entre l'espace physique (indexé Ph) et l'espace LB (indexé LB).

Pour le cas de la viscosité cinématique, nous avons:

$$v_{Ph} = \frac{1}{3}\left(\tau_v - \frac{1}{2}\right)\Delta x^2/\Delta t = v_{LB}\frac{\Delta x^2}{\Delta t} \qquad (4.16)$$

avec $\Delta x = L_0/m$, L_0 est une longueur caractéristique, m le nombre de noeuds de maillage le long de L_0, $\Delta t = \Delta x\, c_s/C_s$, c_s est la vitesse du son dans l'espace LB et C_s est la vitesse du son dans l'espace Physique. Ceci donne:

$$v_{LB} = v_{Ph}\frac{c_s}{C_s}\frac{m}{L_0} \qquad (4.17)$$

et semblablement pour la diffusivité thermique, on a:

$$\alpha_{LB} = \alpha_{Ph}\frac{c_s}{C_s}\frac{m}{L_0} \qquad (4.18)$$

Dans notre étude, les deux paramètres de diffusion sont interpolés en fonctions polynomiales de degrés élevés en tenant compte de la conditions de stabilité $v_{LB} > 2.510^{-3}$, on a alors à agir sur le quotient m/L_0.

Pour le cas général, on obtient la même valeur adimensionnelle quand on écrit une quantité ϕ réduite dans les espaces LB ou Ph, soit:

$$\frac{\phi_{LB}}{\phi_{0\_LB}} = \frac{\phi_{Ph}}{\phi_{0\_Ph}} \qquad (4.19)$$

d'où

$$\phi_{LB} = \frac{\phi_{0\_LB}}{\phi_{0\_Ph}}\,\phi_{Ph} \qquad (4.20)$$

Le tableau **4.1** résume le principe de conversion entre les grandeurs LB et leurs valeurs correspondantes dans l'espace physique.

La figure **4.2** donne le diagramme de calcul de notre algorithme de calcul. A chaque pas de temps, si la convergence est atteinte les champs de vitesse et de température sont convertis pour un traitement ultérieur. Dans le cas contraire, nous convertissons la température réduite $\theta(\overrightarrow{x}, t)$ en sa valeur physique T, nous calculons ensuite les paramètres de diffusion $v_{Ph}(T)$ et $\alpha_{Ph}(T)$ et nous en déduisons celles v_{LB} et α_{LB}, ce qui nous permet d'itérer encore une fois et recalculer $\overrightarrow{u}_{LB}$ et $\theta(\overrightarrow{x}, t)$.

4.2.3 Simulation du jet plasma

Cas de jets libres

Nous présentons dans cette partie les résultats de simulations d'un jet de plasma d'argon. Des profils paraboliques sont adoptés pour la composante axiale du champ de vitesse et le champ scalaire; ce qui revient à choisir les coeficients $n=3$ et $m=4$ (Eq. 4.2). Ce choix est fondé sur les travaux de [**19**] qui ont conclu que l'expérience a montré qu'en postulant des profils plats à la sortie de la torche, les bilans globaux de

Grandeurs	Contexte LBM		Contexte Physique	
vitesse du son	$c_s^2{=}1/3$ (D2Q9)		$C_s(T)$	[**17**]
pas d'espace	$\Delta x{=}1$		$\Delta x{=}\frac{L_0}{m}$	
pas de temps	$\Delta t{=}1$		$\Delta t{=}[c_s/C_s]\Delta x$	[**18**]
viscosité ciné.	$\upsilon_{LB}{=}\upsilon_{Ph}[c_s/C_s(T)](m/L_0)$	$\Leftarrow$	$\upsilon_{Ph}(T)$	[**17**]
diffusivité the.	$\alpha_{LB}{=}\alpha_{Ph}[c_s/C_s(T)](m/L_0)$	$\Leftarrow$	$\alpha_{Ph}(T)$	[**17**]
vitesse	$\rho\,\vec{u}_{LB}(\vec{x},t){=}\sum_k f_k\,\vec{e}_k$	$\Rightarrow$	$\vec{u}_{Ph}{=}[C_s(T)/c_s]\vec{u}_{LB}$	
température	$\theta(\vec{x},t){=}\sum_k g_k$	$\Rightarrow$	$T=(T_{\max}{-}T_{\min})\theta{+}T_{\min}$	

Tableau 4.1: Conversion entre les grandeurs LB et leurs valeurs correspondantes en espace physique. Le sens de la flèche indique la quantité disponible et la quantité cherchée.

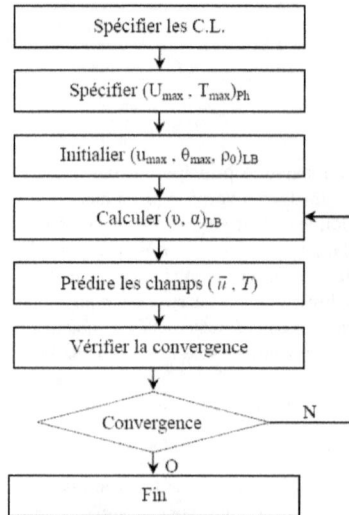

Figure 4.2: Diagramme de calcul.

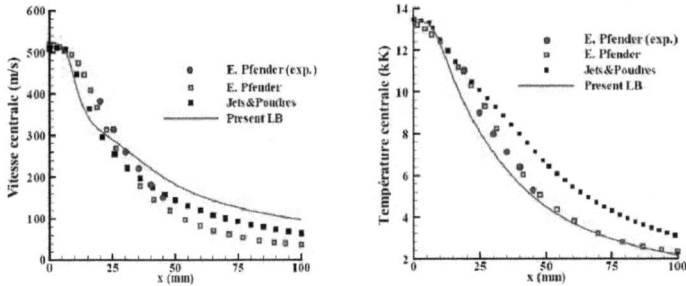

Figure 4.3: Profils centraux de la composante axiale de la vitesse (gauche) et de la température (droite) prédits par le modèle thermique D2Q9-D2Q4 (LBGK). Rouge: présentes prédictions, noir: résultats de Jets&Poudres et bleu: résultats numériques et expérimentaux de Pfender (d'après [22]).

chaleur et de masse sont impossibles à satisfaire. On verra plus tard l'effet de prendre un profil plat pour la température. La vitesse et la température maximales à la sortie de la torche sont prises respectivement: $U_{max} = 520m/s$ et $T_{max} = 13500K$, ce qui est utilisé pour comparaison avec les résultats numériques et expérimentaux de Pfender [20] et les résultats numériques du code Jets&Poudres [21] élaboré au laboratoire SPCTS (avec les conditions: $U_{max} = 520m/s$ et $T_{max} = 13500K$, débit volumique = $26l/min$, distance de projection $100mm$, énergie électrique 7.5kW, rendement = 0.45 pour un plasma d'argon en atmosphère d'argon).

Pour montrer l'aptitude de ce modèle LBM thermique à simuler les jets plasma axisymétriques, nous considérons sur la figure **4.3** les profils centraux de la température et de la composante axiale de la vitesse en comparaison avec les résultats de références.

Il se voit clairement que les résultats de notre modèle comparent bien les résultats de références. Mieux encore, il est clair que pour le champ de vitesse, notre prédiction s'aligne mieux avec les résultats du code Jets&Poudres qu'avec les résultas de Pfender sans trop s'écarter des résultats expérimentaux. Alors que pour la distribution de température, notre prédiction compare très bien les résultats numériques et expérimentaux de Pfender. Ceci donne à nos résultats l'avantage d'être un compromis entre les résultats de différents modèles numériques.

Il est à noter que les gradients axiaux de température dans le coeur du jet (zone 0-25mm) est de l'ordre de 220K/mm, donc en accord avec les observations expérimentales (200K/mm); contre 136K/mm et 152K/mm pour les prédictions de Jets&Poudres et Pfender respectivement. Pour les gradients de vitesse, nos prédictions donnent 8.8m/s/mm contre 10.48m/s/mm et 9.48m/s/mm pour les codes Jets&Poudres et Pfender respectivement. Ceci donne à nos résultats un degré important de justesse dans le traitement de l'injection de particules, vue que cette zone est principalement la zone d'accélération et de chauffage des particules. L'écart entre nos résultats et celles du code Jets&Poudres peut être attribué au fait que le code Jets&Poudres adopte des

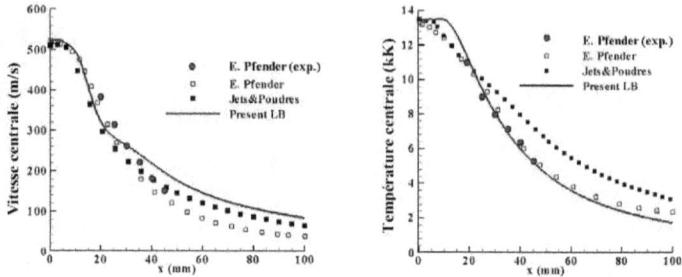

Figure 4.4: Profils centraux de la composante axiale de la vitesse (gauche) et de la température (droite) pour un profil de température plat à l'entrée. Violet: présentes prédictions, noir: résultats de Jets&Poudres et bleu: résultats numériques et expérimentaux de Pfender.

profils plats pour la vitesse et la température à la sortie de la torche au contraire des profils paraboliques que nous retenons et, aussi, aux différents modèles de turbulence adoptés.

L'effet du choix d'un profil de température plat à l'entrée du domaine de calcul est présenté à la figure **4.4**. Il est clair que la température reste constante dans les 15 premiers millimètres et qu'une translation du profil de la vitesse est remarquée dans les 25 premiers millimètres. Après cette zone la forme du jet libre s'établit et le comportement décrit précédemment des deux profils paraboliques est retrouvé. Ce comportement sera développé au paragraphe suivant.

L'effet de l'expansion radiale du domaine de calcul sur les résultats de simulataion a été vérifié par Djebali et al. [**23**]. Trois épaisseurs du jet ont été testé: 12mm, 24mm et 48 mm (voir figure **4.1**: largeur OB). Il est remarqué que l'écart diminue nettement entre les épaisseurs 24mm et 48mm. L'épaisseur 48mm sera adoptée pour toutes les prochaines simulations.

Les isovaleurs des distributions de vitesse et de température dans le domaine de calcul sont illustrées à la figure **4.5** en comparaison avec les résultats du code Jets&Poudres. Il est clair que le champ scalaire est épais par rapport au champ de vitesse pour les deux résultas numériques, la méthode LBM intercepte donc la même propriété (enveloppe thermique contient l'enveloppe dynamique) qu'avec la méthode des DF (Jets&Poudres).

Analyse des profils radiaux

Les jets libres présentent une spécificité dans le développement transversal des champs calculés par rapport aux jets dans les espaces confinés (écoulement de Poiseuille) ou les jets de parois. Un développement transversal gaussien a été reporté dans les résultats de littératures. En théorie des jets libres [**24**], le développement travsversal des profils des champs est modélisé par la loi gaussiène centrée en zéro.

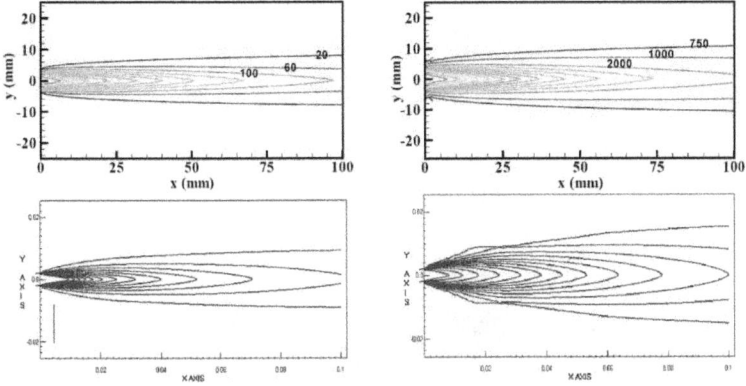

Figure 4.5: Isovaleurs de la composante axiale de la vitesse (gauche) et isothermes (droite) prédites par le modèle thermique D2Q9-D2Q4 (LBGK). Haut: présentes prédictions, bas: résultats de Jets&Poudres. Interlignes et ligne extérieure: vitesse (40m/s et 20m/s); température (1000K et 1000K) (d'après [22]).

$$\frac{\phi(r,z)}{\phi(0,z)} = \exp\left[-\alpha\left(\frac{r}{z}\right)^2\right] \tag{4.21}$$

où α est un paramètre lié au taux d'expansion du jet S, par $\alpha = \ln(2)/S^2$.

Dans notre cas de jets plasma axisymétrique, les résultats pour les champs réduits sont présentés à la figures **4.6**. Nous pouvons dire que nos résultats corroborent bien les dévelopements radiaux gaussiens pour les variables réduites, ce comportement se manifeste pour les différentes section examinées. Les expressions des variables réduites sont les suivantes:

$$\frac{U(r,z)}{U(0,z)} = \exp\left[-\ln(2)\eta_U^2\right] \tag{4.22}$$

$$\frac{T(r,z)}{T(0,z)} = \exp\left[-\ln(2)\eta_T^2\right] \tag{4.23}$$

où $\eta_\phi = r/\delta_{0.5}$, avec $\delta_{0.5}$ est la distance à laquelle $\phi(r,z)/\phi(0,z) = 0.5$ (ϕ joue pour U et T).

Ce comportement est bien examiné et vérifié pour les jets de plasma (voir [25-26]).

Cas de jet impactant

Au voisinage de la cible, l'étude des interactions plasma-particules dans un jet plasma libre s'avère non réaliste ou utile seulement à des fins de comparaison des degrés de concordance entre les codes numériques. Le substrat (pièce à revêtir) forme,

- 111 -

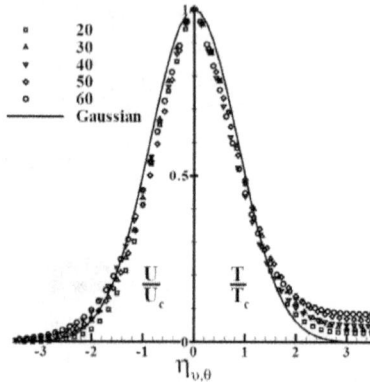

Figure 4.6: Développement transversal des profils de vitesse (gauche) et de température (droite) en comparaison avec la gaussienne centrée (trait continu) pour différentes sections.

lors du processus de projection, une frontière rigide qui modifie complètement les structures dynamique et thermique du jet plasma. Le jet dans cette situation s'appelle jet impactant. Les résultats d'examen d'un impact normal sont donnés sur la figure **4.7**.

Les structures dynamique et thermique sont aplaties au voisinage du substrat et un jet de paroi se forme symétriquement par rapport au point d'impact. Contrairement au cas de jet libre, une particule en projection rencontre de nouveau des franges chaudes au voisinage du substrat. Ce qui influence son histoire dynamique et thermique et donc son comportement à l'étalement. Nous concluons, ainsi, qu'il est plus intuitif de tenir en compte de la condition au limite imposée par la pièce à travailler pour mieux représenter l'empilement des particules et donc les couches élaborées.

Cas de mélange de gaz argon-azote

Comme est indiqué au paragraphe **1.3.2**, le choix du gaz plasmagène est conditionné par les propriétés du matériau à projeter telles que la densité: faible ou importante, températures de fusion et d'évaporation, etc. Les mélanges de gaz offrent une solution adéquate pour tirer profit des avantages de chacun des constituants. Cependant les dosages sont à optimiser. La figure **1.5** montre que la variation de la conductivité thermique de l'argon en fonction de la température est une fonction lissée (régulière), alors que celle de l'azote présente des pics. Dans cette partie, nous avons voulu examiner l'aptitude de la méthode LBM à rendre compte de cet effet (variations non régulières des paramètres de diffusion en fonction de la température) dans un mélange de gaz-argon N2-Ar 62.5% vol. Les conditions à la sortie de la torche sont $U_{max} = 400m/s$, $T_{max} = 10000K$, L=120mm. Un profil plat est retenu pour la

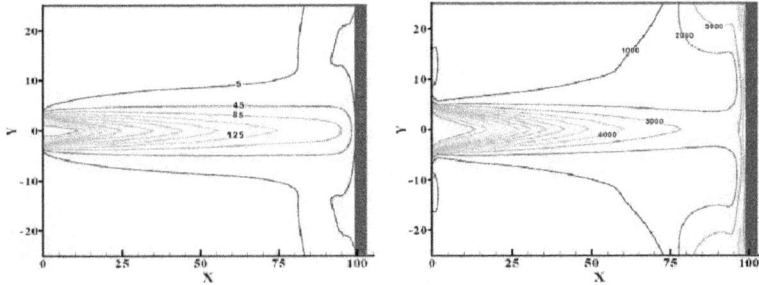

Figure 4.7: Isovaleurs de la composante axiale de la vitesse (gauche) et isothermes (droite) prédites par le modèle thermique D2Q9-D2Q4 (LBGK) pour un jet impactant. Interlignes: vitesse (40m/s) et température (1000K).

température et un profil parabollique pour la vitesse axiale avec $n=2$ (voir Eq. **4.2**). Ces résultats sont comparés aux résultats du code GENMIX (une autre version du code Jets&Poudres utilisant la longueur de mélange comme modèle de turbulence), voir figure **4.8**. Nous pouvons conclure que notre modèle LBM rend bien compte de la physique des des jets de mélanges de gaz. Un bon accord est remarqué pour la composante axiale de vitesse, cependant cet accord pour le champ scalaire est obtenu après les 25 premiers millimètres. Cette partie est mieux développée dans Djebali et al. [27] pour des profils paraboliques de la vitesse et de température.

4.2.4 Conclusions: avantages de la méthode de résolution LB relativement aux méthodes de résolution CFD classiques

Une étude de simulations du jet plasma axisymétrique et turbulent est effectuée dans ce chapitre. La turbulence est prise en compte par le biais du modèle de turbulence de Smagorinsky. Une plateforme de conversion entre l'espace de calcul LBM et l'espace physique a été établie. Nous pouvons conclure de ce chapitre que:
      - les résultats obtenus sont en très bon accord avec les résultats de littératures aussi bien expérimentaux que numériques pour les profils de la vitesse axiale et la température le long de l'axe de symétrie du jet et pour les structures (distributions) dynamique et thermique,
      - les profils transversaux de vitesse axiale et de température sont en bon accord avec les solutions analytiques du développement transversal des jets libres et les résultats antérieurs des jets plasma,
      - pour une étude plus réaliste, il conviendrait de tenir compte du substrat-cible comme condition aux limites dans la modélisation du jet plasma,
      - la méthode LB peut rendre bien compte de la physique des jets plasma au moyen de variations non régulières des paramètres de diffusion en fonction de la température,

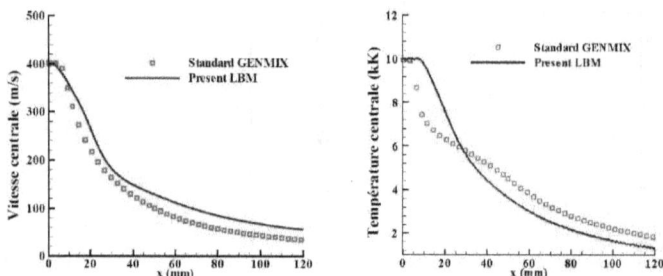

Figure 4.8: Profils centraux de la composante axiale de la vitesse (gauche) et de la température (droite) pour un profil de température plat à l'entrée. trait continu: présentes prédictions, symbole: résultats de GENMIX.

- la méthode LB présente l'avantage de la simplicité afin d'incorporer le modèle de turbulence LES, beaucoup mieux que les méthodes conventionnelles. Ce modèle donne de bons résultats par comparaison avec le modèle k-ε (code Jets&Poudres) dans la simulation d'un jet plasma d'argon ou du modèle de longueur de mélange (code GENMIX) dans la simulation d'un jet plasma d'argon-azote.

La qualité des résultats de simulation du jet plasma est un premier pas vers l'étude du procédé de projection plasma, en ce qu'il affecte directement et absolument le comportement des particules en projection.

La deuxième partie de ce chapitre se consacrera la modélisation des interactions plasma-particules.

4.3 Etude des phénomènes de transport et de transfert plasma-particules

La description lagrangienne est utilisée pour le traitement des interactions dynamique et thermique des particules avec le jet plasma. Cette étude consiste à simuler l'évolution de la vitesse, de la température et de la taille des particules au cours de leurs séjours dans le gaz chaud. Cette étude est effectuée sur une population de particules caractérisée par des distributions de taille, de vitesse, de position (à la sortie de l'injecteur) ou d'angle d'injection. L'écoulement transporte la poudre injectée peut être stationnaire ou non. L'étude présentée repose sur les hypothèses suivantes:

    ▷   le mouvement de particules est bidimensionnel,

    ▷   les particules sont sphériques et de diamètres allant de 10 à 100μm,

    ▷   les particules n'interagissent pas entre elles,

    ▷   la condition de projection diluée (faible chargement) est retenue; c'est-à-dire que le refroidissement et la déformation (locale ou globale) du jet suite à la projection de particules disrètes sont négligés, cette hypothèse est valide tant que le débit de particule reste inférieur à 1kg/h [28]. Cette hypothèse et la précédente sont raisonnables pour des faibles taux de chargement.

▷ le jet plasma est optiquement mince aux radiations, et les hypothèses considérées pour les jets plasma restent encore valides,

▷ les particules sont thermiquement minces (càd condition de faible nombre de Biot, ex: $Bi<0.01$); ainsi la température au sein de la particule est uniforme. Les valeurs faibles du nombre de Biot signifient que la conduction de la chaleur à l'intérieur de la particule est beaucoup plus rapide que la convection de la chaleur loin de sa surface: les gradients conductifs sont ainsi négligeables. Notons que dans les études de la conduction de chaleur en régimes transitoires, lorsque le flux thermique reçu par une particule est plus élevé que le flux qu'elle absorbe, des gradients de température internes peuvent se développer. Ce phénomène est évalué à partir du nombre de Biot. Dans la condition $Bi>0.1$, le phénomène de propagation de la chaleur n'est plus négligeable.

▷ la force agissant sur les particules est essentiellement la force de trainée visqueuse, notée $\mathbf{F_D}$ (Drag-force).

4.3.1 Transport de particules

On s'intéresse dans cette partie à présenter la plateforme nécessaire à la prédiction des trajectoires des particules dans le gaz chaud ainsi que leurs vitesses. Le principe de la projection thermique est illustré dans la figure **4.9**. Le domaine d'étude est de dimensions 100×96 mm^2, l'injecteur de poudre est de diamètre $d_{inj}=1.8mm$. Le point d'injection (centre de l'injecteur) est de coordonnée ($5mm$,$-7mm$) dans le système d'axes cylindrique (z,r). Dans le présent travail, un modèle stochastique de trajectoire de particules est utilisée. Le schéma de principe de l'interpolation des propriétés de la particule en fonction des propriétés du jet plasma est présenté par la figure **4.10**. Lorsque la particule, à l'instant t, est à la position $\overrightarrow{x}_p$ dans une cellule de la grille de calcul, sa vitesse ou sa température sont déduites par interpolation de celles du jet aux noeuds voisins comme suit:

$$\varphi_p(\overrightarrow{x}_p,t) = \frac{1}{\Delta x \Delta y}[(\Delta x - \xi)(\Delta y - \zeta)\varphi(x,y) + \zeta(\Delta x - \xi)\varphi(x,y') + (\Delta y - \zeta)\xi\varphi(x',y) +$$

$$\zeta\xi\varphi(x',y')] \quad (4.24)$$

avec $x' = x + \Delta x$, $y' = y + \Delta y$ et φ joue pour la vitesse et la température.

Dans les réseaux LBM on a généralement $\Delta x = \Delta y = 1$, l'expression précédente se réduit à:

$$\varphi_p(\overrightarrow{x}_p,t) = [(1-\xi)(1-\zeta)\varphi(x,y) + \zeta(1-\xi)\varphi(x,y') + (1-\zeta)\xi\varphi(x',y) + \zeta\xi\varphi(x',y')] \quad (4.25)$$

L'équation régissant le transport d'une particule sphérique dans le jet plasma peut être écrite comme suit:

$$m_p\frac{d\overrightarrow{u}_p}{dt} = A_p\rho_p C_D|\overrightarrow{u} - \overrightarrow{u}_p|(\overrightarrow{u} - \overrightarrow{u}_p) \quad (4.26)$$

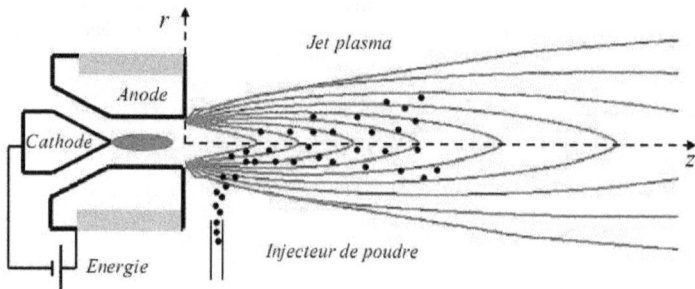

Figure 4.9: Principe de projection plasma incluant la torche plasma à courant continu, le jet plasma et l'injecteur de poudre.

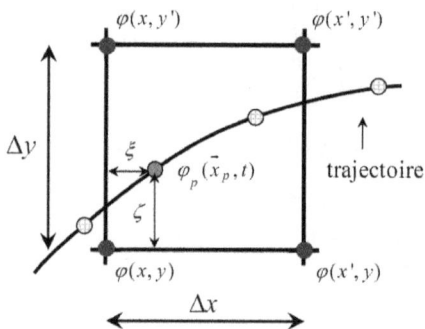

Figure 4.10: Schéma de principe: interpolation des propriétés (vitesse et température) de la particule en fonction des propriétés du jet plasma.

- 116 -

où $m_p = \rho_p \pi d_p^3/6$ est la masse de la particule, $A_p = \pi d_p^2$ son aire, ρ_p sa densité et $\overrightarrow{u}_p$ sa vitesse. $\overrightarrow{u}$ est la vitesse locale du jet plasma et C_D est le coefficient de traînée visqueuse défini comme suit:

$$C_D = \frac{24}{\text{Re}}(1 + 0.125\,\text{Re}^{0.75}) \tag{4.27}$$

où Re est le nombre de Reynolds relatif défini par $Re = \rho d_p |\overrightarrow{u} - \overrightarrow{u}_p|/\mu$.

Pour tenir compte de la variation des propriétés dans les couches limites de la particule et les effets non-raréfaction, on introduit les coeficients de correction f_{C_D1} et f_{C_D2} suivants [**29**]:

$$f_{C_D1} = \left(\frac{\rho_\infty \mu_\infty}{\rho_s \mu_s}\right)^{-0.45} \tag{4.28a}$$

$$f_{C_D2} = \left[1 + \left(\frac{2-a}{a}\right)\left(\frac{\gamma}{1+\gamma}\right)\frac{4}{Pr_s}Kn^*\right]^{-0.45} \tag{4.28b}$$

où f, ∞, s, a, γ, Pr_s et Kn^* désignent: film entre particule et milieu plasma voisin, écoulement plasma, surface de la particule, le coefficient d'accommodation (pris usuelement égal à 0.8), le rapport des capacités thermiques spécifiques, le nombre de Prandtl à la surface de la particule et le nombre de Knudsen fondé sur le libre parcours moyen effectif [**29**]. Le nouveau coefficient de traînée est représenté par l'expression suivante:

$$C_D' = C_D.f_{C_D1}f_{C_D2} \tag{4.29}$$

La position instantanée de la particule est déduite de l'équation suivante:

$$\frac{d\overrightarrow{x}_p}{dt} = \overrightarrow{u}_p \tag{4.30}$$

4.3.2 Transfert thermique plasma-particules

L'histoire thermique d'une particule est obtenue en résolvant l'équation du bilan de transfert de chaleur par conduction Q_{cond}, par convection Q_{conv} et la perte par rayonnement Q_{rad}. La quantité de chaleur Q_{net} échangée entre la particule et son voisinage est définie comme suit:

$$Q_{net} = Q_{cond} + Q_{conv} - Q_{rad} \tag{4.31}$$

où

$$Q_{cond} = \frac{1}{r^2}\frac{\partial}{\partial r}\left(\kappa_p r^2 \frac{\partial T_p}{\partial r}\right) \tag{4.32a}$$

$$Q_{conv} = A_p h_f (T_\infty - T_s) \tag{4.32b}$$

$$Q_{rad} = A_p \varepsilon \sigma (T_s^4 - T_a^4) \tag{4.32c}$$

et

$$Q_{net} = m_p C_{pp} \frac{dT_p}{dt} \qquad \text{si } T_p < T_f \text{ ou } T_f < T_p < T_e \qquad (4.33a)$$

$$= m_p L_f \frac{df}{dt} \qquad \text{si } T_p = T_f \qquad (4.33b)$$

$$= -\frac{\pi}{2} \rho_p d_p^2 L_e \frac{dd_p}{dt} \quad \text{si } T_p = T_e \qquad (4.33c)$$

avec T_p, T_∞, T_a, T_s, T_f et T_e sont respectivement la température de la particule, la température du jet, la température ambiante, la température à la surface de la particule (égale à T_p s'il n'y a pas de phénomène de conduction), la température de fusion et la température d'évaporation; et L_f, L_e et f sont respectivement la chaleur latente de fusion, la chaleur latente d'évaporation et la fraction fondue de la particule sphérique. h_f est le coefficient de transfert thermique par convection.

De même que pour le coefficient de traînée, le coefficient de transfert thermique h_f est corrigé par l'introduction des coefficients suivants [29]:

$$f_{h1} = \left(\frac{\rho_\infty \mu_\infty}{\rho_s \mu_s} \right)^{0.6} \qquad (4.34a)$$

$$f_{h2} = \left[1 + \left(\frac{2-a}{a} \right) \left(\frac{\gamma}{1+\gamma} \right) \frac{4}{Pr_s} Kn^* \right]^{-1.} \qquad (4.34b)$$

Le nouveau coefficient de transfert prend l'expression suivante:

$$h_f' = h_f . f_{h1} f_{h2} \qquad (4.35)$$

4.3.3 Résultats

Dans les présentes simulations nous considérons des particules thermiquement minces (c'est-à-dire que Q_{cond} est négligé) et que les particules fondent et ne s'évaporent pas. Cette hypothèse est raisonnable vue que dans la gamme de dimensions de particules entre $10\mu m$ et $100\mu m$, seules les particules de dimensions inférieures à $20\mu m$ présentent un taux d'évaporation élevé. Un code est développé sous FORTRAN pour décrire l'histoire dynamique et thermique de la poudre injectée. Les propriétés retenues pour l'écoulement du jet plasma d'argon pur sont celles obtenues dans la solution de l'écoulement en régime établi, alors que la variation en fonction de la température de ces propriétés thermo-physiques sont déduites de [17].

Nous allons en premier lieu voir l'aptitude de ce code à simuler le comportement de particules en vol. Les résultats sont comparés à ceux du code Jets&Poudres pour les conditions de jet et de poudres indiquées dans les tableaux 4.2 et 4.3. Les propriétés du jets simulé par la méthode LB sont celles décrites au paragraphe 4.2.3, voir aussi [22].

Les résultats de projection de deux particules (séparément) de zircone de diamètres $45\mu m$ et $65\mu m$ à des vitesses d'injection 15m/s et 7m/s (respectivement) sont illustrés aux figures 4.11 (trajectoires), 4.12 (vitesse axiale de la particule) et 4.13 (température de la particule). Nous attirons l'attention du lecteur que le code Jets&Poudres

Jet plasma		
	Gaz plasmagène	Argon déchargeant en argon pur
	Débit	26 NL/min
	Puissance	7.5kW, rendement 0.45
	Profils d'entrée	Plats
	Valeurs d'entrées	U_0=520m/s, T=13.5kK
	Distance de projection	100mm
	Diamètre de la torche	8mm

Tableau 4.2: Caractéristiques d'écoulement du jet plasma utilisées dans le code Jets-Poudres.

Poudre en:		Al_2O_3	ZrO_2
	$Cp_s(J/Kg\ K)$	1363.0	604.0
	$Cp_l(J/Kg\ K)$	1312.8	1378.0
	$\kappa_s(J/m.s.K)$	5.0	1.66
Propriétés	$\kappa_l(J/m.s.K)$	2.26	5.0
	$L_f(kJ/kg)$	1070.0	707.0
thermophysiques.	$L_e(kJ/kg)$	24700.0	9000.0
	$\rho(Kg/m^3)$	3900.0	5680.0
	$T_f(K)$	2327.0	2983.0
	$T_e(K)$	3253.1	4700.0

Tableau 4.3: Propriétées thermophysiques de poudres d'alumine et de zirconie dense. Les indices 's' , 'l', 'f' et 'e' indiquent respectivement: état solide, état liquide, point de fusion et point d'ébullition.

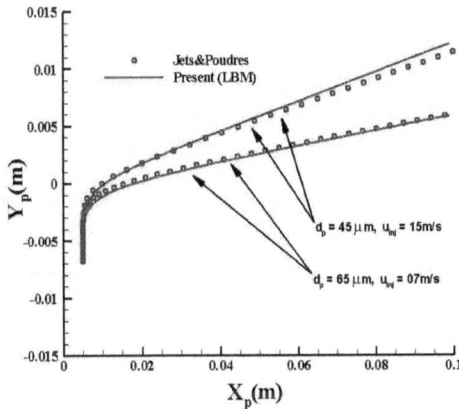

Figure 4.11: Comparaison des trajectoires: nos résultats (LBM) et les résultats de Jets&Poudres pour deux particules de ZrO_2 dense injectées à différentes vitesses.

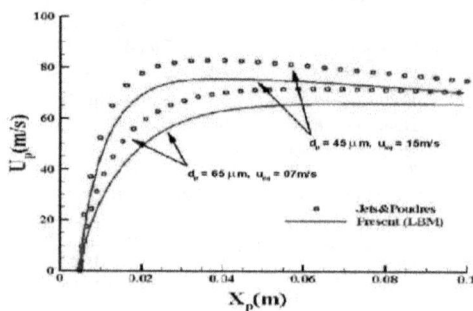

Figure 4.12: Comparaison des profils de vitesse: nos résultats (LBM) et les résultats de Jets&Poudres pour deux particules de ZrO_2 dense injectées à différentes vitesses.

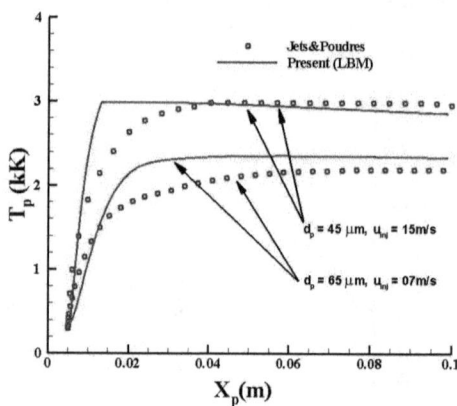

Figure 4.13: Comparaison des profils de température: nos résultats (LBM) et les résultats de Jets&Poudres pour deux particules de zircone dense injectées à différentes vitesses.

- 120 -

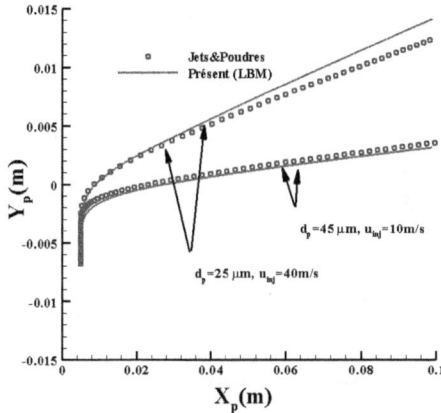

Figure 4.14: Comparaison de trajectoires: nos résultats (LBM) et les résultats de Jets&Poudres pour deux particules de Al$_2$O$_3$ injectées à différentes vitesses.

a été validé intensivement dans les problèmes de projection plasma et a présenté une bonne aptitude de prédiction du comportement de particules en vol.

Nous pouvons remarquer clairement que les trajectoires prédites par les deux méthodes (LB et DF) sont en très bon accord, alors qu'un écart est observé pour les profils de vitesses axiales principalement dans la plage 0 à 30mm. Ceci est sûrement dû au fait que le code Jets&Poudres utilise des profils plats à la sortie de la torche, donc les vitesses qui en découlent sont plus élevées; après, le comportement d'expansion en jet libre se produit sembablement et les deux résultats se rapprochent vers la sortie du jet. Cet écart dans les profils de vitesses est à l'origine de l'écart dans les profils de températures. En effet, dans la zone 0 à 30mm les vitesses prédites par la méthode LB sont inférieures à celles prédites par DF, ce qui donne aux particules plus de temps de séjour dans le jet, donc plus de chauffage; c'est pour cette raison qu'on remarque la fusion de la particule de diamètre $45\mu m$.

Les mêmes constatations s'appliquent aux problèmes de projection de particules d'alumine. Ajoutons que plus de quantité de mouvement est nécessaire lors de l'injection des particules d'alumine en raison de leur faible densité comparativement aux particules de zircone.

Selon cette étude de comparaison nous pouvons affirmer l'aptitude de notre code à simuler le comportement des particules en projection plasma. Dans ce qui suit on va examiner l'effet de la dispersion à la sortie de l'injecteur. Pour cela, adoptons une distribution gaussienne[1] de diamètres de particules $N(d_{p,moy},\sigma_{dp})$ [30], une distribu-

---

[1]La simulation d'une distribution gaussienne est effectuée grâce a la la méthode de Box-Muller (1958). Cette technique, basée sur une transformation des coordonnées cartésiennes en coordonnées polaires, prend les variables aléatoires uniformes standard (dans $]0,1[$) et

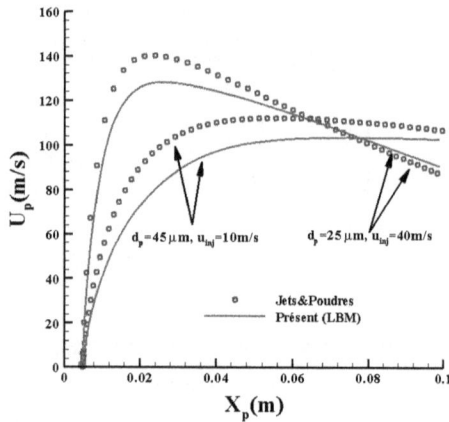

Figure 4.15: Comparaison des profils de vitesse axiale: nos résultats (LBM) et les résultats de Jets&Poudres pour deux particules de Al_2O_3 dense injectées à différentes vitesses.

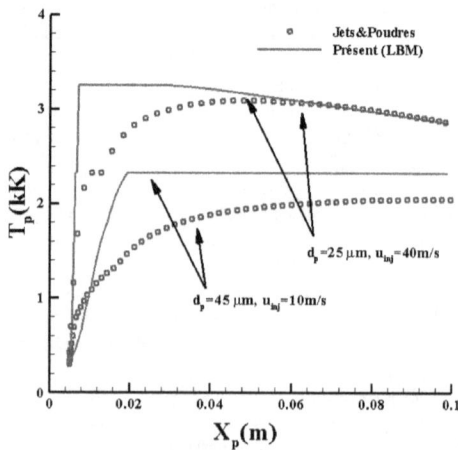

Figure 4.16: Comparaison des profils de température: nos résultats (LBM) et les résultats de Jets&Poudres pour deux particules d'alumine injectées à différentes vitesses.

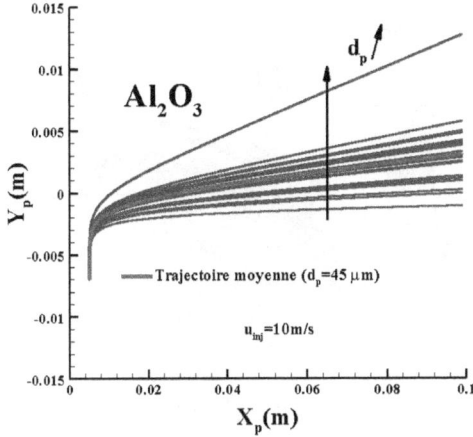

Figure 4.17: Distribution des trajectoires de particules pour $d_p \sim N(45, 10)$, $u_{inj} = 10$m/s.

tion parabolique de vitesse $u_{inj}(r) = u_{max}\left(1 - (r/R_{inj})^{1/7}\right)/0.875$ [32], une distribution uniforme de position de particules à la sortie de l'injecteur et une distribution gaussienne d'angle d'injection lorsque la particule quitte l'injecteur $N(\alpha_{moy}, \sigma_\alpha)$ avec $\alpha_{moy} = 90°$ une direction privilégiée de sortie. Nous ajoutons aussi que pour les distributions normales choisies, il faut que la plage $[moy - 3\sigma, moy + 3\sigma]$ (qui contient 99.8% de la population) ne sorte pas de $[10\mu m, 100\mu m]$ pour les diamètres de particules et de $[105°, 75°]$ pour l'angle à la sortie de l'injecteur. L'étude portera sur une vingtaine de particules. Les figures **4.17**, **4.18** et **4.19** présentent l'effet de la dispersion au niveau de la dimension de particules selon une loi normale sur la trajectoire, le profil de vitesse et le profil de température. De la poudre d'alumine est utilisée dans cette population. Les diamètres varient entre $15\mu m$ et $75\mu m$. La vitesse d'injection est $u_{inj}=10$m/s. Les profils moyens (de la particule de dimension moyenne) sont aussi présentés. Il se voit très clairement que la dispersion au niveau des dimensions de particules a un effet majeur sur les champs des trajectoires, ceci va conditionner différemment la distribution sur la surface d'impact (substrat). C'est à dire qu'à travers une analyse de la poudre à projeter on peut prévoir la largeur du pulvérisât et par suite maîtriser le contrôle à fin de maximiser le rendement en projection.

On peut aussi dire que l'augmentation de la dimension de particule (à même vitesse d'injection) facilite sa sortie radiale du jet. En diminuant la dimension de la particule, elle sera transportée à la périphérie du jet, où elle acquiert une vitesse axiale plus au

---

indépendantes U_1 et U_2 et produit des variables aléatoires normales standard ($\mu=0, \sigma=1$) indépendantes X et Y utilisant les formules: $\theta=2\pi U_1$, $R=\sqrt{-2ln(U_2)}$, $X=R\ cos(\theta)$, $Y=R\ sin(\theta)$: http://en.wikipedia.org/wiki/Box%E2%80%93Muller_transform

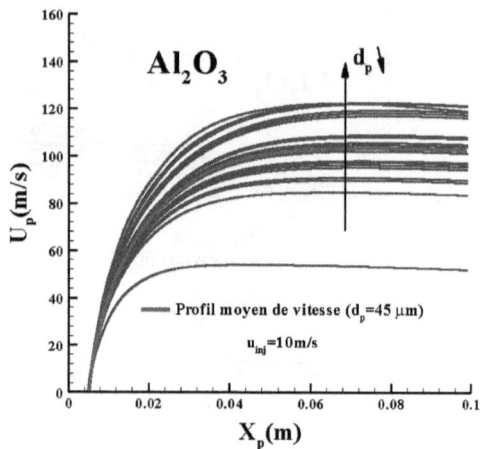

Figure 4.18: Distribution des profils de vitesses pour $d_p \sim N(45, 10)$, $u_{inj} = 10$m/s.

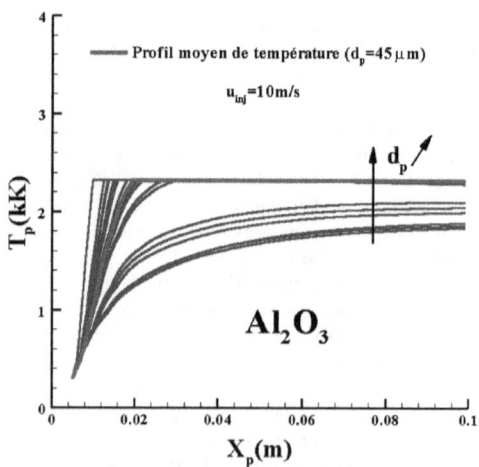

Figure 4.19: Distribution des profils de température pour $d_p \sim N(45, 10)$, $u_{inj} = 10$m/s.

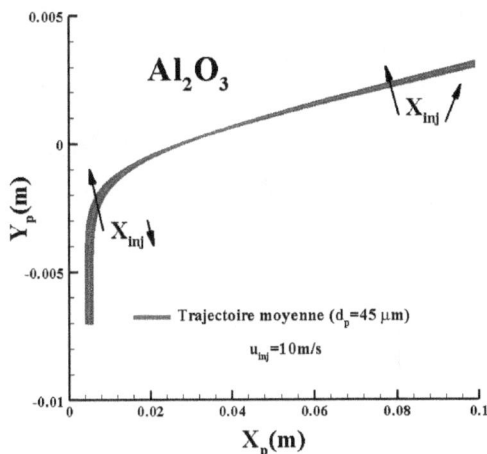

Figure 4.20: Distribution des trajectoires de particules pour une distribution uniforme de position d'injection à la sortie de l'injecteur, $u_{inj} = 10$m/s.

moins élevée (figure **4.18**), ce qui entraîne un sous-chauffe de la particule comme le montre la figure **4.19**.

Sous l'hypothèse de vitesse d'injection uniforme (u_{inj}=10m/s), l'effet de la position d'injection de la particule parait minoritaire sur le comportement en trajectoire ou en histoires dynamique et thermique de la poudre (voir figures **4.20**, **4.21** et **4.22**). La faible différence entre les profils de température vient du fait que la particule sortant au bord gauche de l'injecteur va rencontrer des franges de température plus chaudes que celles rencontrées par la particule injectée au bord droit, ceci est à l'origine de sa fusion plus rapide.

Dans le cas d'une distribution parabolique de vitesse d'injection (nous adoptons $u_{inj}(z)$=10 $\left(1 - (2z/d_{inj})^{1/7}\right)$ /0.875), une grande dispersion est observée au niveau du champ des trajectoires, des profils de vitesses et de températures. Les particules sortant du centre de l'injecteur avec une vitesse maximale vont traverser le dard (donc acquérir un chauffage maximal, voir figure **4.25**) et acquièrent une vitesse axiale maximale dans cette zone et puis seront refoulées vers l'autre côté du jet (elles divergent du jet) où les faibles vitesses ce qui va entraîner un ralentissement considérable vers la sortie du jet (voir figure **4.24**). Cependant, les particules injectées des bords de l'injecteur n'ont pas suffisamment de quantité de mouvement pour pouvoir pénétrer dans le jet, ces particules seront seulement accélérées près de l'enveloppe du jet où les faibles températures, elles acquièrent une vitesse maximale vue leurs déplacement parallèlement (figure **4.23**) à l'axe du jet sans le quitter. Cette histoire dynamique et thermique altère le rendement de projection et la formation du dépôt par manque de fusion de la poudre.

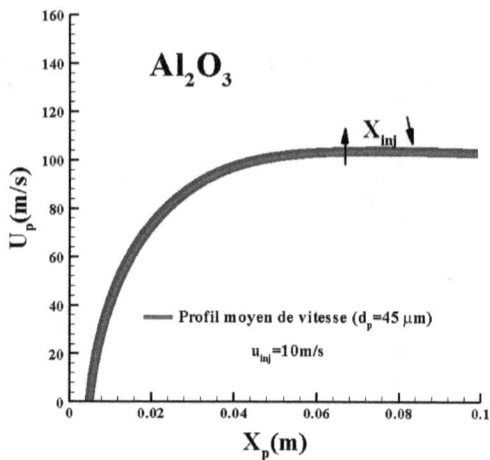

Figure 4.21: Distribution des profils de vitesses de particules pour une distribution uniforme de position d'injection à la sortie de l'injecteur, $u_{inj} = 10$m/s.

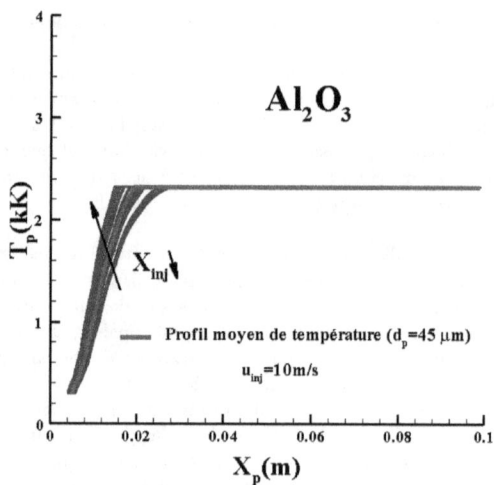

Figure 4.22: Distribution des profils de températures de particules pour une distribution uniforme de position d'injection à la sortie de l'injecteur, $u_{inj} = 10$m/s.

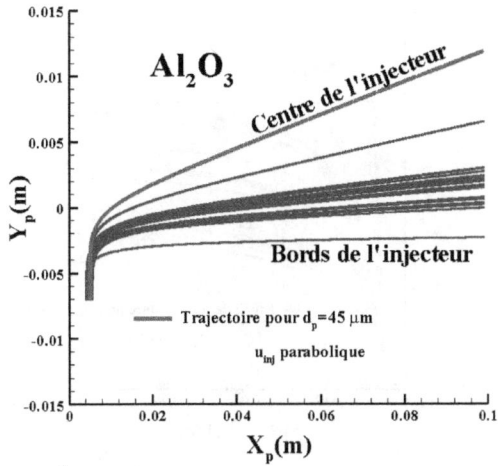

Figure 4.23: Distribution des trajectoires de particules pour une distribution uniforme de position d'injection et une distribution parabollique de vitesse d'injection.

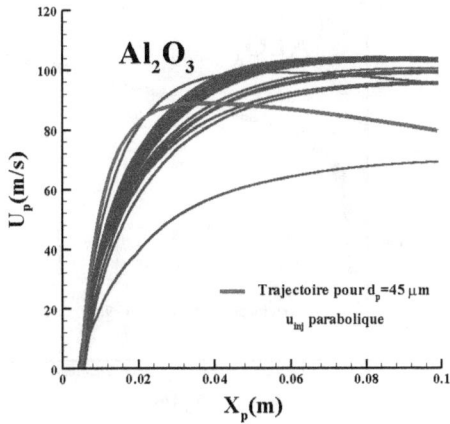

Figure 4.24: Distribution des profils de vitesses de particules pour une distribution uniforme de position d'injection et une distribution parabolique de vitesse d'injection.

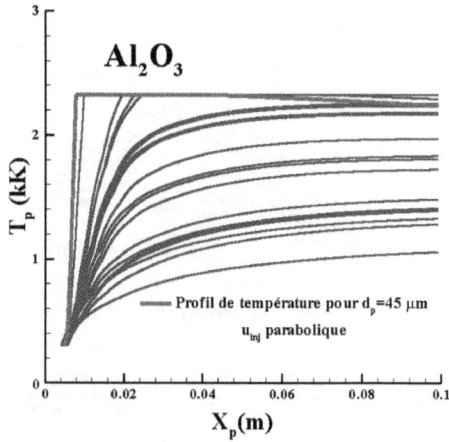

Figure 4.25: Distribution des profils de températures de particules pour une distribution uniforme de position d'injection et une distribution parabolique de vitesse.

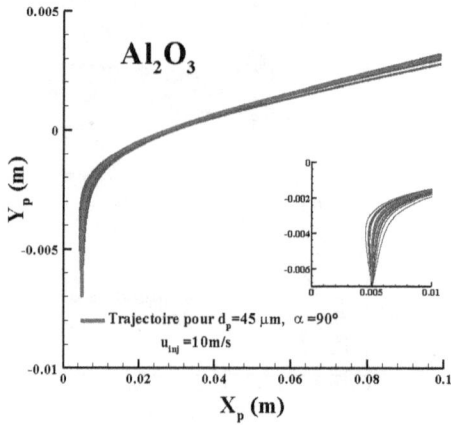

Figure 4.26: Distribution des trajectoires de particules pour une distribution normale d'angle d'injection $\alpha \sim N(90°, 5°)$, $u_{inj} = 10$m/s.

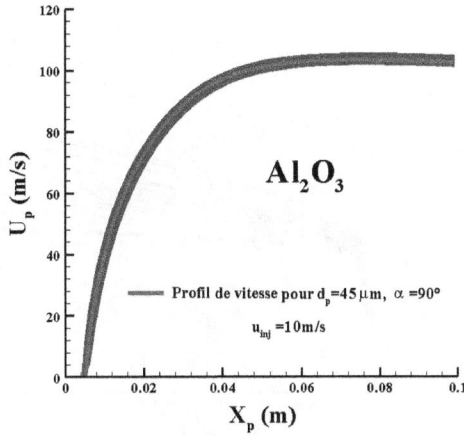

Figure 4.27: Distribution des profils de vitesses de particules pour une distribution normale d'angle d'injection $\alpha \sim N(90°, 5°)$, $u_{inj} = 10$m/s.

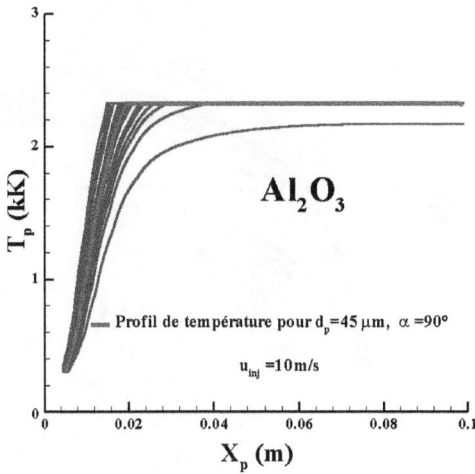

Figure 4.28: Distribution des profils de températures de particules pour une distribution normale d'angle d'injection $\alpha \sim N(90°, 5°)$, $u_{inj} = 10$m/s.

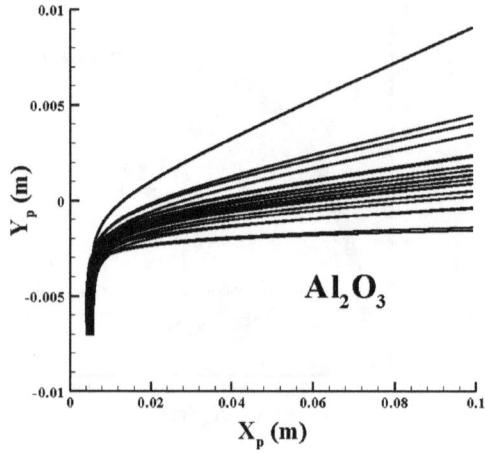

Figure 4.29: Effets des dispersions d'injection sur le champ des trajectoires de poudre d'alumine.

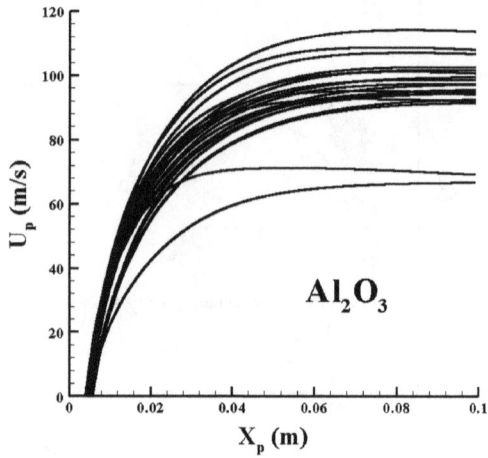

Figure 4.30: Effets des dispersions d'injection sur le profils de vitesses de poudre d'alumine.

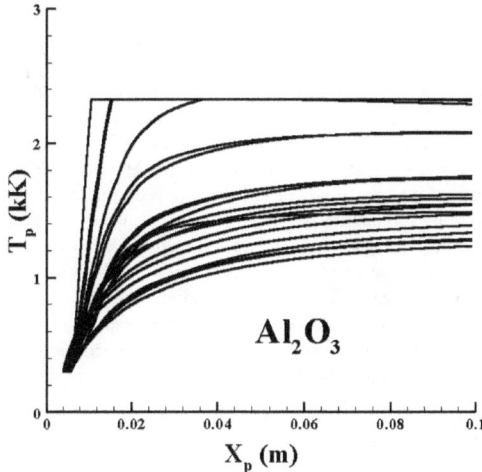

Figure 4.31: Effets des dispersions d'injection sur le profils de températures de poudre d'alumine.

Examinons l'effet de la dispersion de l'angle d'injection, nous avons adopté une distribution normale d'angle ($\alpha \sim N(90°, 5°)$), c'est-à-dire qu'une injection normale est privilégiée et que la quasi-totalité de la poudre injectée (99.8%) quittent l'injecteur avec un angle compris entre 75° et 105°. Les résultats sont illustrés aux figures **4.26**, **4.27** et **4.28**. On remarque clairement qu'il n'y a pas de grand écart par rapport aux profils moyens. L'effet est tout à fait semblable à celui dû à la dispersion en position. La dispersion dans le profil de température est principalement observée dans la zone du dard (z<20mm) ce qui est dû essentiellement à la direction par laquelle la particule attaque le jet. Si la particule, à l'injection, se dirige vers le dard (à gauche: $\alpha > 90°$), elle chauffe rapidement, si elle se dirige vers la queue du jet (à droite: $\alpha < 90°$), elle chauffe plus lentement. Notons que l'effet de la dispersion en angle d'injection devient appréciable en incluant la dispersion en position à la sortie de l'injecteur.

Maintenant intéressons nous à l'examen de l'effet de dispersion de tous les paramètres (dimension, vitesse, position et angle d'injection) simultanément sur le champ des trajectoires et les profils de vitesse et de température. Nous adoptons les conditions suivantes: $d_p \sim N(45, 10)$, $u_{inj}(r) = u_{\max} \left(1 - (r/R_{inj})^{1/7} \right) / 0.875$ et $\alpha \sim N(90°, 5°)$. Les résultats de cette simulation, pour $u_{\max} = 10$m/s, sont présentés aux figures **4.29**, **4.30** et **4.31**. On remarque clairement que ces profils diffèrent de tous les profils présentés précédemment où on étudie l'effet de chaque paramètre séparément; ce qui met en évidence l'interaction des dispersions à l'injection et leurs effets sur le comportement dynamique et thermique de la poudre en projection. Il est donc intéressant d'analyser les propriétés de poudres à l'arrivée sur le substrat. Dans ces conditions de travail nous avons trouvé à l'impact, une position radiale moyenne $r_{moy} = 1.7mm$, une vitesse axiale moyenne $u_{moy} = 95.6m/s$ et une température moyenne $T_{moy} = 1721$K. Dans ce cas nous remarquons que la poudre arrive avec peu ou sans fusion, ce qui impose l'optimisation des conditions d'injection telle que l'augmentation de la vitesse d'injection. Dans le cas $u_{max}=25$m/s, nous avons trouvé à l'impact, une position radiale moyenne $r_{moy} = 14.4mm$, une vitesse axiale moyenne $u_{moy} = 78.3m/s$ et une température moyenne $T_{moy} = 2247$K. Attirons l'attention du lecteur sur ce que cette étude est quasi-indépendante de la taille de la population; à titre indicatif et pour une population de taille 100 particules, nous trouvons pour les conditions précédentes: une position radiale moyenne $r_{moy} = 13.3mm$, une vitesse axiale moyenne $u_{moy} = 81.7m/s$ et une température moyenne $T_{moy} = 2249$K.

Il est intéressant de rappeler le cas de jet impactant caractérisé par une distribution de vitesse et de température qui diffèrent considérablement de celle du jet libre. Dans ce cas, nous avons trouvé à l'impact, une position radiale moyenne $r_{moy} = 1.64mm$, une vitesse axiale moyenne $u_{moy} = 93.7m/s$ et une température moyenne $T_{moy} = 2223$K.

4.4   Conclusions

Dans ce chapitre, nous avons effectué une étude de la projection plasma atmosphérique à l'aide de la méthode de Boltzmann sur réseau. Dans la première partie nous avons focalisé l'effort sur la simulation de jet plasma axisymétrique et turbulent. Une section importante a été développée pour présenter la plateforme de prise en compte de l'axisymétrie, de la turbulence et de la conversion des paramètres de diffusion entre l'espace de Boltzmann et l'espace physique. Nos résultats sont comparés aux résultats de mesures expérimentales et aux résultats numériques antérieurs et ont prouvé un bon accord et une aptitude de la méthode LB à représenter la physique des jets plasma.

Dans la deuxième partie nous avons étudié le comportement dynamique et thermique de particules en projection. Une comparaison a été faite sur des cas tests de particules de zircone et de d'alumine de différentes dimensions injectées à différentes vitesses, a montré que nos résultats sont en très bon accord avec les résultats du code Jets&Poudres. L'accent a été mis ensuite sur l'effet de la dispersion à l'injection de poudre en alumine sur le comportement dynamique et thermique de particules en vol. Nous avons conclu que l'interaction de ces paramètres résultent en un champ de projection plus réaliste et que les paramètres d'arrivée à l'impact avec le substrat sont raisonnables ($u_{moy} \sim 100m/s$, $T_{moy} \sim 2200$K).

Bibliographie

[1] Y. Peng, C. Shu, Y.T. Chew, J. Qiu; Numerical investigation of flows in Czochralski crystal growth by an axisymmetric lattice Boltzmann method; J. Comput. Phys.; 186: pp. 295-30, 2003.

[2] Otis DR. Development of stratification in a cylindrical enclosure. Int. J. Heat Mass Transfer, 30:1633–6, 1987.

[3] Niu XD, Shu C, Chew YT. An axisymmetric lattice Boltzmann model for simulation of Taylor–Couette flows between two concentric cylinders; Int. J. Mod. Phys. C, 14:785-96, 2003.

[4] T.S. Lee, H. Huang, C. Shu; An axisymmetric incompressible lattice Boltzmann model for pipe flow; Int. J. Mod. Phys. C, 17:645-61, 2006.

[5] S. Chen, J. Tölke, S. Geller, M. Krafczyk; Lattice Boltzmann model for incompressible axisymmetric flows; Phys. Rev. E, 78:046703, 2008.

[6] X.D. Niu, C. Shu, Y.T. Chew; An axisymmetric lattice Boltzmann model for simulation of Taylor–Couette flows between two concentric cylinders; Int. J. Mod. Phys. C; 14:785-96, 2003.

[7] I. Halliday, L. A. Hammond, C. M. Care, K. Good, and A. Stevens; Lattice Boltzmann equation hydrodynamics; Phys. Rev. E 64, 011208, 2001.

[8] J.G. Zhou; Axisymmetric lattice Boltzmann method; Phys. Rev. E;78:036701, 2008.

[9] H. Huang, T.S. Lee, C. Shu; Hybrid lattice Boltzmann finite-difference simulation of axisymmetric swirling and rotating flows; Int. J. Numer. Methods Fluids; 53:1707626, 2007.

[10] Z. Guo, H. Han, B. Shi and C. Zheng; Theory of the lattice Boltzmann equation: Lattice Boltzmann model for axisymmetric flows; Phys. Rev. E 79, 046708, 2009.

[11] L. Zheng, B. Shi, Z. Guo, C. Zheng; Lattice Boltzmann equation for axisymmetric thermal flows; Computers & Fluids, 39, pp. 945–952, 2010.

[12] S. Chen, J. Tölke, M. Krafczyk; Simulation of buoyancy-driven flows in a vertical cylinder using a simple lattice Boltzmann model; Phys Rev E, 79:016704, 2009.

[13] S.C. Mishra, M.Y. Kim, R. Das, M. Ajith, R. Uppaluri; Lattice Boltzmann method applied to the analysis of transient conduction–radiation problems in a cylindrical medium; Numer. Heat Transfer A, 56:42-59, 2009.

[14] H. Zhang, S. Hu, G. Wang, J. Zhu; Modeling and simulation of plasma jet by lattice Boltzmann method; Applied Mathematical Modelling 31, pp. 1124–1132, 2007.

[15] J. Smagorinsky; General circulation experiments with the primitive equations: I. the basic equations. Mon. Weather Rev., 91:99–164, 1963.

[16] N. Ben Cheikh, Etude de la convection naturelle laminaire et de l'écoulement turbulent dans une cavité entraînée par simulation des grandes échelles; Thèse de Doctorat, Fac. Sc. de Tunis, 2007.

[17] Bernard Pateyron, "T&TWinner", libre téléchargement de: http://t&twinner.free.fr

[18] S. Succi; The lattice Boltzmann method for fluid dynamics and beyond; Oxford Science Publication; ISBN 0-19-B50398-9

[19] A. H. Dilawari and J. Szekely; Some perspectives on the modeling of plasma jets; Plasma Chemistry and Plasma Processing, Vol. 7, No. 3, pp. 317-339, 1987.

[20] E. Pfender, C. H. Chang; Plasma spray jets and plasma-particulates interactions: modeling and experiments; Proceding of the 15th International thermal spray conference, 25-29 May 1998, Nice, France.

[21] Bernard Pateyron, "Jets&Poudres" libre téléchargement de http://www.unilim.fr/spcts ou http://jets.poudres.free.fr

[22] R. Djebali, H. Sammouda and M. El Ganaoui; Some advances in applications of lattice Boltzmann method for complex thermal flows; Adv. Appl. Math. Mech., vol 2 (5), pp. 587-608., 2010.

[23] R. Djebali, B . Pateyron, M. El Ganaoui and H. Sammouda; Axisymmetric high temperature jet behaviors based on a lattice Boltzmann computational method Part I: argon plasma; IRECHE Vol. 1. n. 5, pp. 428-438, 2009.

[24] A. V. Hirtum, X. Grandchamp, X. Pelorson; Moderate Reynolds number axisymmetric jet development downstream an extended conical diffuser: Influence of extension length; European Journal of Mechanics B/Fluids 28, pp. 753–760, 2009.

[25] P. C. Huang, J. Heberlein and E. Pfender; A two-fluid model of turbulence for a tThermal plasma jet; Plasma Chem Plasma Process Vol. 15, n° 1, pp. 25-46, 1995.

[26] H.X. Wang; X. Chen and W. Pan; Modeling study on the entrainment of ambient air into subsonic laminar and turbulent argon plasma jets; Plasma Chem Plasma Process, 27: pp.141–162, 2007.

[27] R. Djebali, B. Pateyron, M. El Ganaoui and H. Sammouda; Lattice Boltzmann computation of plasma jet behaviors : Part II. argon-azote mixture; IRECHE, Vol. 2. n. 1, pp. 86-94,Jan. 2010.

[28] E. Legros; Contribution à l'étude tridimensionnelle du procédé de projection par plasma et application à un dispositif de deux torches. Thèse de l'université de Limoges. n° d'ordre X-2003, 2003.

[29] P.C. Huang, J. Heberlein, E. Pfender; Particle behavior in a two-fluid turbulent plasma jet; Surface and Coatings Technology, 73, pp. 142 151, 1995.

[30] F. Ben Ettouil; Modélisation rapide du traitement de poudres en projection par plasma d'arc; Thèse de doctorat de l'Université de Limoges, n° d'ordre 8-2008, 2008.

[31] C. Delbos, J. Fazilleau, V. Rat, J.F. Coudert, P. Fauchais, B. Pateron; Phenomena involved in suspension plasma spraying Part 2: zircone particle treatement and coating formation; Plasma Chem Plasma Process, 26: pp. 393–414, 2006.

[32] M. Vardelle, A. Vardelle, P. Fauchais, K.-I. Li, B. Dussoubs, and N. J. Themelis; Controlling particle injection in plasma spraying; Journal of Thermal Spray Technology, Vol. 10(2) pp. 267-284, 2001.

Chapitre 5

Conclusions et perspectives

Le travail présenté dans ce mémoire porte sur l'étude bidimensionnelle axisymétrique du procédé de projection par plasma d'arc soufflé depuis la modélisation du jet plasma jusqu'à la simulation des comportements dynamique et thermique de la poudre en projection. L'étude utilise la méthode de Boltzmann sur réseau et traite notamment:

√ la prise en compte de l'axisymétrie dans la méthode LB (par rapport au modèle standard) et de la turbulence du jet plasma résultant des forts gradients de propriétés et non pas de petites et grandes échelles. Le modèle de simulation des grandes échelles LES a été adopté dans cette étude ce qui permet de tirer profit se sa précision par comparaison au modèle k-ε à l'addition de sa forte simplicité d'implémentation dans la méthode LB. Dans la méthode LB le tenseur taux de déformation est une grandeur locale déduite du moment au second ordre de la partie non-équilibrée de la fonction de distribution sans avoir recours au traitement par différence finies des méthodes conventionnelles.

√ le développement d'une plateforme de conversion entre l'espace de Boltzmann et l'espace physique. Dans l'organigramme de cette partie, les paramètres de diffusion sont convertis à leurs correspondants dans l'espace LB, la simulation du jet est effectuée dans l'espace LB et puis la procédure inverse est effectuée pour le retour à l'espace physique et l'analyse des propriétés de l'écoulement (vitesse, température,...).

√ la simulation de jet plasma pour un gaz pur (argon) et un mélange de gaz (argon-azote) et la validation de nos résultats par les résultats expérimentaux et numériques de différents travaux de références sélectionnés. L'analyse des caractéristiques du jet formé a été effectué sur le développement des enveloppes dynamique et thermique par comparaison aux résultats du code Jets&Poudres et le développement radiale gaussien du jet par comparaison à la théorie de développement de jets libres.

√ la simulation du comportement en projection de particules de zircone ZrO_2 dense et d'alumine Al_2O_3 de différentes dimensions et injectées à différentes vitesses. La validation est fondée sur les résultats du code Jets&Poudres.

√ l'étude des effets de dispersion de quelques paramètres en sortie de l'injecteur de poudre sur les histoires dynamique et thermique de particules. Les effets ont été étudiés séparément ensuite en interaction.

√ l'examen de l'effet de la taille de la population de particules d'étude et de la prise en en compte du substrat à revêtir par rapport au cas de projection libre.

En première partie (chapitre 1) le procédé de projection plasma a été présenté en détail dès la formation de l'arc électrique jusqu'à la formation du dépôt. Les différents sous-systèmes et paramètres opératoires interagissants dans le procédé de projection et leurs influences sur la formation du jet et par suite sur le développement du dépôt ont été présentés et discutés.

En deuxième partie (chapitre 2), la méthode de Boltzmann a été présentée, le principe d'analyse multiéchelles permettant de retrouver les équation de Navier-Stokes à partir de la dynamique moléculaire a été présenté et expliqué. Nous avons aussi présenté les modèles dynamiques et thermiques les plus employés dans la méthode LB et leur caractéristiques, ainsi que la discussion de la position de la méthode LB par rapport aux méthodes conventionnelles utilisées en CFD.

En troisième partie (chapitre 3), nous avons validé notre modèle LBM sur trois cas tests. Dans le cas de la cavité différentiellement chauffée, notre modèle a donné d'excellents résultats pour une variété de paramètre et ce en régime stationnaire et instationnaire. Dans le cas d'écoulements à faibles nombres de Prandtl, notre modèle s'avère capable de capter, avec un haut degré, les seuils de transition de régimes. Les solutions dans ce cas sont en bon accord avec les solutions de littérature pour des méthodes de hautes performances. Dans le cas d'écoulement en milieux poreux, une comparaison est faite pour les deux modèles LBM thermiques: scalaire passif et énergie interne, dans leurs formes standards et accélérées et nous a permis de conclure que les résultats des deux modèles sont en bon accord avec les résultats de référence, que la technique d'accélération s'avère très efficace en préservant considérablement le temps de calcul et que le modèle du scalaire passif est plus rapide que le modèle d'énergie interne. Le modèle du scalaire passif a été, donc, choisi pour la simulation de jet plasma.

En fin (chapitre 4) nous avons effectué une étude de la projection plasma atmosphérique à l'aide de la méthode LB. en premier lieu nous avons focalisé l'effort sur la simulation de jet plasma axisymétrique et turbulent. Une section importante a été développée pour présenter la plateforme de prise en compte de l'axisymétrie, de la turbulence et de la conversion des paramètres de diffusion entre l'espace de Boltzmann et l'espace physique. La comparaison de nos résultats aux résultats de mesures expérimentales et aux résultats numériques antérieurs a prouvé un bon accord qualitatif et quantitatif. L'aptitude de la méthode LB à représenter la physiques des jets plasma a été effectuée en examinant le développement longitudinal (enveloppe du jet) et transversal (comportement gaussien). Ensuite, nous avons étudié le comportement dynamique et thermique de particules en projection. La validation a été faite sur des cas tests de particules de zircone et de d'alumine de différentes dimensions injectées à différentes vitesses et a montré que nos résultats sont en très bon accord avec les résultats du code Jets&Poudres. L'accent a été ensuite mis sur l'effet de la dispersion à l'injection de poudre en alumine sur le comportement dynamique et thermique de particules en vol. Nous avons conclu que l'interaction de ces paramètres résultent en un champ de projection plus réaliste et que les paramètres d'arrivée à l'impact sur le substrat sont raisonnables.

Le travail ouvre la voie sur la simulation d'écoulements complexes, et débouche sur de possibles études des dépôts dont les propriétés sont fortement conditionnées par les histoires dynamique et thermique de la poudre lors de son séjour dans le gaz chaud du jet plasma, ce qui enrichie les perspectives du travail et donnera la valeur effective à ce travail. La valeur ajoutée dans ces travaux de thèse affermit l'optique suivi dans le laboratoire LETTM , d'une part, dans le choix d'investissement dans le domaine des énergies où des défis majeurs se présentent et, d'autre part, pour s'aligner avec l'actualité des orientations de recherche scientifique qui souligne l'importance la trilogie matériaux–énergie–environnement sur le plan international.

Dérivation de l'équation de diffusion de la chaleur

Modèle du scalaire passif

Pour dériver l'équation de la température à travers la procédure de Chapmann-Enskog, nous devons effectuer les développement multi-échelles suivants:

$$g_k = g_k^{(0)} + \epsilon g_k^{(1)} + \epsilon^2 g_k^{(2)} + \dots \qquad (A.1)$$

$$\frac{\partial}{\partial t} = \epsilon \frac{\partial}{\partial t_1} + \epsilon^2 \frac{\partial}{\partial t_2} + \dots \text{ et } \nabla_x = \epsilon \nabla_{x1} + \dots, \qquad (A.2)$$

En effectuant le développement en série de Taylor de $g_k(\overrightarrow{x} + \Delta \overrightarrow{x}, t + \Delta t)$ autour de x et t dans l'équation (3.2) et en appliquant les développements précédents, nous pouvons déduire les équations suivantes en collectant les termes de même ordre en ϵ :

$$\epsilon^0 : g_k^{(0)} = g_k^{eq} \qquad (A.3a)$$

$$\epsilon^1 : D_{k,1}\left(g_k^{(0)}\right) = -\frac{1}{\tau \Delta t} g_k^{(1)} \qquad (A.3b)$$

$$\epsilon^2 : \frac{\partial g_k^{(0)}}{\partial t_2} + D_{k,1}\left((1 - 1/2\tau)g_k^{(1)}\right) = -\frac{1}{\tau \Delta t} g_k^{(2)} \qquad (A.3c)$$

avec $D_{k,1} = \partial/\partial t_1 + e_k . \nabla_1$ et $g_k^{eq} = w_k(1 + \mathbf{e}_k.\mathbf{u}/c_s)$

En calculant les moments des équations (A.3b) et (A.3c), nous obtenons les équations macroscopiques suivantes aux échelles de temps $t_1 = \epsilon t$ et $t_2 = \epsilon^2 t$:

$$\frac{\partial T}{\partial t_1} + \nabla_1 (\mathbf{u}T) = 0 \qquad (A.4)$$

$$\frac{\partial T}{\partial t_2} + \nabla_1 ((1 - 1/2\tau)\mathbf{q}) = 0 \qquad (A.5)$$

sachant que $\mathbf{q} = \sum \mathbf{e}_k g_k^{(1)}$, $T = \sum g_k^{(m)}$ et $\sum g_k^{(m)} = 0$ pour $m > 0$.

Réécrivons $\mathbf{q}$ en utilisant (A.3b), on obtient: $\mathbf{q} = -\tau \Delta t[\frac{\partial}{\partial t_1}(\mathbf{u}T)+c_s^2 \nabla_1 T]$, l'équation (A.5) à l'échelle de temps t_2 réécrite sera:

$$\frac{\partial T}{\partial t_2} - \nabla_1 (\alpha \nabla_1 T) = 0 \qquad (A.6)$$

avec

$$\alpha = c_s^2(\tau - 0.5)\Delta t \qquad (A.7)$$

Combinons les deux équations (A.4) et (A.6) nous obtenons l'équation de température suivante:

$$\frac{\partial T}{\partial t} + \nabla (\mathbf{u}T) = \nabla (\alpha \nabla T) \qquad (A.8)$$

Schéma LBM accéléré

Schéma LBM accéléré pour l'équation de l'énergie interne
La foncion de distribution d'équilibre pour le modèle D2Q9 est la suivante:

$$g_k^{eq} = w_k \rho \varepsilon \left[1.5(\mathbf{e}_k^2 - u^2/\gamma) + 3 \left[\left(1.5\mathbf{e}_k^2 - 1 \right) \mathbf{e}_k.\mathbf{u} + 4.5(\mathbf{e_k.u})^2 \right] / \gamma \right] \qquad \text{(B.1)}$$

γ est le paramètre accélérateur défini par $0 < \gamma \leq 1$.
Effectuons les développements multi-échelles suivants:

$$g_k = g_k^{(0)} + \epsilon g_k^{(1)} + \epsilon^2 g_k^{(2)} + ... \qquad \text{(B.2)}$$

$$\frac{\partial}{\partial t} = \epsilon \frac{\partial}{\partial t_1} + \epsilon^2 \frac{\partial}{\partial t_2} + ... \text{ et } \nabla_x = \epsilon \nabla_{x1} + ..., \qquad \text{(B.3)}$$

En effectuant le développement en série de Taylor de $g_k(\overrightarrow{x} + \Delta \overrightarrow{x}, t + \Delta t)$ autour de x et t dans l'équation (3.2) et en appliquant les développements précédents, nous pouvons déduire les équations suivantes en collectant les termes de même ordre en ϵ :

$$\epsilon^0 : g_k^{(0)} = g_k^{eq} \qquad \text{(B.4a)}$$

$$\epsilon^1 : D_{k,1} \left(g_k^{(0)} \right) = -\frac{1}{\tau \Delta t} g_k^{(1)} \qquad \text{(B.4b)}$$

$$\epsilon^2 : \frac{\partial g_k^{(0)}}{\partial t_2} + D_{k,1} \left((1 - 1/2\tau) g_k^{(1)} \right) = -\frac{1}{\tau \Delta t} g_k^{(2)} \qquad \text{(B.4c)}$$

avec $D_{k,1} = \partial/\partial t_1 + e_k .\nabla_1$
En calculant les moments des équations (B.4b) et (B.4c), nous obtenons les équations macroscopiques suivantes aux échelles de temps $t_1 = \epsilon t$ et $t_2 = \epsilon^2 t$:

$$\frac{\partial (\rho \varepsilon)}{\partial t_1} + \nabla_1 (\mathbf{u} \rho \varepsilon) = 0 \qquad \text{(B.5)}$$

$$\frac{\partial (\rho \varepsilon)}{\partial t_2} + \nabla_1 ((1 - 1/2\tau) \mathbf{q}_1) = 0 \qquad \text{(B.6)}$$

sachant que $\mathbf{q}_0 = \sum \mathbf{e}_{k,j} g_k^{(0)} = u_j \rho \varepsilon / \gamma$, $\mathbf{q}_1 = \sum \mathbf{e}_k g_k^{(1)}$, $\rho \varepsilon = \sum g_k^{(0)}$ et $\sum g_k^{(m)} = 0$ pour $m > 0$.

Réécrivons $\mathbf{q}_1$ en utilisant (B.4b), on obtient: $\mathbf{q}_1 = -\tau \Delta t [\frac{\partial}{\partial t_1} (\mathbf{u} (\rho \varepsilon)) + c_s^2 \nabla_1 (\rho \varepsilon)]$, l'équation (B.6) à l'échelle de temps t_2 réécrite sera:

$$\frac{\partial (\rho \varepsilon)}{\partial t_2} - \nabla_1 (\alpha \nabla_1 (\rho \varepsilon)) = 0 \qquad (B.7)$$

avec

$$\alpha / \gamma = c_s^2 (\tau - 0.5) \Delta t \qquad (B.8)$$

et en négligeant les terme en $O(Ma^3)$ et $O(Ma^2 \delta T)$.

Combinons les deux équations (B.5) et (B.7) nous obtenons l'équation d'énergie interne modifiée suivante:

$$\frac{\partial (\rho \varepsilon)}{\partial t} + \nabla (\mathbf{u} \rho \varepsilon) / \gamma = \nabla (\alpha \nabla (\rho \varepsilon)) / \gamma \qquad (B.9)$$

avec $\varepsilon = DRT/2$ et en dans la méthode LB, on prend $R = 1$ et $D = 2$ en écoulements bidimensionnels.

التلخيـــص: تـناولـنا في أطروحـة الدكتـوراه هـذه، عمليـة الطلاء الحراري بالبلازما بواسطة مقاربة بولتزمان في الشبكات LBM. لقد تم تطوير نموذج بولتزمان في الشبكات مضطرب متناظر محوريـاً لاستخدامه في محاكاة تدفق نفث بلازما غاز الأرغون النقي أو مزيج من الأرغون والأزوت. كانت نتـائج المحاكاة في توافق جيد مع النتـائج التجريبية والرقمية السابقة. تم تطوير نموذج آخر يدرس ظاهرة الإنتقال الحـــركي والحـــراري بين البلازما و رذاذ الحُبَيْبـات خلال فترة مكوثها في الغاز الساخن. أثبت التحقق المرتكز على السلوك الحـــركي والحراري لحُبَيْبات الزّركونيا ZrO₂ والألومينا Al₂O₃ أداءً جيداً لنموذجنا بالمقارنة مع البرمجية "Jets&Poudres". تم التركيز بعدها على آثار التشتت عند حقن مسحوق الألومينا على السلوك الحـــركي والحراري للحبيبات المتطايرة. لقد إستنتجنا أنّ التفاعل بين هذه المتغيرات ينتج عنه حقل طلاء أكثر واقـعية وأن متغيرات الوصول (لدى الاصطدام بالمادة الركيزة) معقـولة. وختاما نؤكد على الفعالية والمردودية لطريقة بولتزمان في الشبكات العالية الكفاءة في توضيح فيزياء الأوساط متعددة الأطوار والمكونات تحت ظروف معقدة كما في حالة الطلاء الحراري.

الكلمات المفاتيح: طريقة بولتزمان في الشبكات، الأوساط متعددة الأطوار والمكونات، الطلاء الحراري، آثار التشتت عند الحقن.

Résumé: Ces travaux de thèse portent sur l'étude du procédé de projection par plasma d'arc soufflé par l'approche Boltzmann sur réseau, LBM. Un modèle LBM axisymétrique turbulent a été développé, et a servi à la simulation d'un jet de plasma d'argon pure et d'un mélange d'argon-azote. Les résultats qui en découlent sont en excellent accord avec les résultats expérimentaux et numériques de références. Une formulation Lagrangiènne a été adoptée pour l'étude du phénomène de transport de particules en projection et des transferts plasma-particules durant leurs séjours dans le gaz chaud. La validation, basée sur les histoires dynamique et thermique de particules de zircone ZrO_2 et d'alumine Al_2O_3, a prouvé une très bonne performance de notre modèle par comparaison au code "Jets&Poudres". L'accent a été ensuite mis sur l'effet de la dispersion à l'injection de poudre d'alumine sur le comportement dynamique et thermique de particules en vol. Nous avons conclu que l'interaction entre ces paramètres résulte en un champ de projection plus réaliste et que les paramètres d'arrivée (à l'impact sur le substrat) sont raisonnables. Nous concluons sur l'efficacité et l'efficience de la méthode LBM de rendre bien compte de la physique des milieux multiphases et multiconstituants sous conditions extrêmes, dont fait partir la projection thermique.

Mots clés: Méthode LBM, milieux multiphases et multiconstituants, projection thermique, effets de dispersion à l'injection.

Abstract: In this thesis, we study the plasma spraying process by the help of the lattice Boltzmann approach, LBM. A LB turbulent axisymetric model has been developed and used to simulate a plasma jet flow of pure argon and argon-nitrogen mixture. The present findings are in excellent agreement with previous experimental and numerical results. A Lagrangian formulation was adopted to study the plasma-powder interactions (phenomenon of transport and transfers during the stay in the hot gas). Validation based on the dynamic and thermal stories of zirconia ZrO_2 and alumina Al_2O_3 particles showed the good performance of the present spraying model compared with the "Jets & Powders" code. Emphasis was, then, put on the effects of dispersions in injection of alumina powder on the dynamic and thermal behavior of in-flight particles. We concluded that the interaction of these parameters results in a more realistic projection field and the arrival parameters (at the impact on the substrate) are reasonable. We conclude on the effectiveness and efficiency of the LBM method to well account of the physics of multiphase and multicomponent media under extreme conditions, which include thermal spraying processes.

Keywords: LB method, multiphase and multicomponent media, thermal spraying, dispersion effects at the injection point.

www.ingramcontent.com/pod-product-compliance
Lightning Source LLC
Chambersburg PA
CBHW021056210326
41598CB00016B/1227